动物记者大揭秘

🌊 浪花朵朵

全三册

[英]斯特拉·格尼 著　[英]马修·霍德森　[英]尼夫·帕克　[英]爱德华·威尔逊 绘　尹楠 译

① 史前时报

北京联合出版公司
Beijing United Publishing Co.,Ltd.

图书在版编目（CIP）数据

动物记者大揭秘：全三册 / (英) 斯特拉·格尼著；
(英) 马修·霍德森, (英) 尼夫·帕克, (英) 爱德华·
威尔逊绘；尹楠译. -- 北京：北京联合出版公司，
2022.5

ISBN 978-7-5596-5959-0

Ⅰ.①动… Ⅱ.①斯…②马…③尼…④爱…⑤尹
…Ⅲ.①动物—儿童读物 Ⅳ.①Q95-49

中国版本图书馆CIP数据核字(2022)第023901号

动物记者大揭秘（全三册）①

作　　者：[英]斯特拉·格尼　　　　　　　　绘　　者：[英]马修·霍德森　[英]尼夫·帕克　[英]爱德华·威尔逊
译　　者：尹　楠　　　　　　　　　　　　　出 品 人：赵红仕
选题策划：北京浪花朵朵文化传播有限公司　　出版统筹：吴兴元
编辑统筹：杨建国　　　　　　　　　　　　　责任编辑：徐　鹏
特约编辑：秦宏伟　　　　　　　　　　　　　营销推广：ONEBOOK
装帧制造：墨白空间·王茜　　　　　　　　　排　　版：赵昕玥

北京联合出版公司出版
（北京市西城区德外大街83号楼9层　100088）
北京利丰雅高长城印刷有限公司　新华书店经销
字数180千字　889毫米×1220毫米　1/16　6.75印张
2022年5月第1版　2022年5月第1次印刷
ISBN 978-7-5596-5959-0
定价：118.00 元（全三册）

读者服务：reader@hinabook.com 188-1142-1266
投稿服务：onebook@hinabook.com 133-6631-2326
直销服务：buy@hinabook.com 133-6657-3072
官方微博：@ 浪花朵朵童书

后浪出版咨询(北京)有限责任公司　版权所有，侵权必究
投诉信箱：copyright@hinabook.com　fawu@hinabook.com
未经许可，不得以任何方式复制或者抄袭本书部分或全部内容
本书若有印、装质量问题，请与本公司联系调换，电话010-64072833

编者寄语

亲爱的读者，在这个新千年里，我们发行了这份大伙儿都爱的报纸的最新一期（鼓声响起）：《史前时报》！你们中的大多数甚至都没听说过我们的报纸，因为上一期还是——呃——还是几个世纪前发行的……但不管怎么说，请放心，新一期依然有大量精彩的采访、新闻和专题报道，还有会让你挠头很多年的趣味测试！（除非机智的你决定直接翻到答案页。不过，我们可不会向你提这个……）这期报纸里的大部分内容都已经严重过时了。但是，嘿，你要明白，如果你是一只大脑很小的恐龙，编排出一整期报纸可是要花上很大一番功夫的。就拿我来说吧，我得自己学会写字。而你们这些恐龙得自己学会阅读。不过，这些事我们最终都能完成。另外，请记住：如果你想分清谁是谁，我们列出了恐龙档案，方便你对照查询。如果你搞不清每只恐龙来自哪个时期，你还可以翻到最后的"史前概述"，这样就能获得帮助啦。

祝你读得开心！

孵蛋季开始

骄傲的原角龙妈妈和昨天刚孵出来的小原角龙。
请翻至第 14 页阅读完整内容。

这头斑龙急匆匆地要去哪儿？

请翻至第 26—29 页体育版寻找答案！

嘀！通过，还是嘀！未通过？

恐龙委员会决定……

野兽之王、野兽之最、顶级兽类——恐龙堪称史前时期的明星，难怪地球上的动物都想成为恐龙。

每年，爬行动物、猛禽，甚至是翼龙都要来见见恐龙委员会，看看自己是否有资格听到"嘀！通过"，而不是"嘀！未通过。抱歉，请明年再来"。

大部分动物都失望而归。几千年来，恐龙评定标准一直没变。根据恐龙委员会的规定，恐龙是生活在陆地上（不是海里）直立爬行的动物（意味着他们的腿直接从身下伸出去，而不是像某些蜥蜴那样从身侧伸出去）。他们的肱骨上还长着

霸王龙，无可争议的恐龙家族成员，今年的恐龙委员会委员之一。

"评定标准都是些他们的骨头是什么形状、他们的骨头让关节弯成什么角度这种小细节。太无聊了！"

"细长的三角肌嵴"——别管这是什么。

"这不公平！"一头哈特兹哥翼龙激动地挥动着翅膀抗议道，"那些恐龙以为自己很特别，但他们一点也不特别！我们之间的差异真的很小！"

"是的，"旁边一头鱼龙一边拍打着船桨一样的鳍，一边附和道，"评定标准都是些他们的骨头是什么形状、他们的骨头让关节弯成什么角度这种小细节。太无聊了！与我们的体形有多庞大、样子有多可怕，没有一点关系。我可以露两手让那头霸王龙瞧瞧。但是评定标准全是'恐龙这样''恐龙那样'的，好像大家只对这些感兴趣一样。"

今年又有那么多动物失望而归，我们不禁想问这样一个问题：他们为什么不能欣赏真实的自己，非要去当恐龙呢？

有奖测试

赢取全年食物，每天送到你嘴边！

面对现实吧，不论你是喜欢绿色植物，还是喜欢血淋淋的肉食，外出觅食总是件累活儿。

但是，想象一下，如果换个情形：你只需要躺着，伸出爪子，美味就会送到你手上。哇呜，这就是我们这期报纸要送给你的大礼！你只需要完成每页

的题目，把你的答案刻在一块石头上，然后寄给我们，就有机会赢取一整年食物，每日新鲜送达！快来答题吧！

答案

① 你符合恐龙标准吗？

通过我们简单、有趣的测试，
看看你是否符合标准吧！

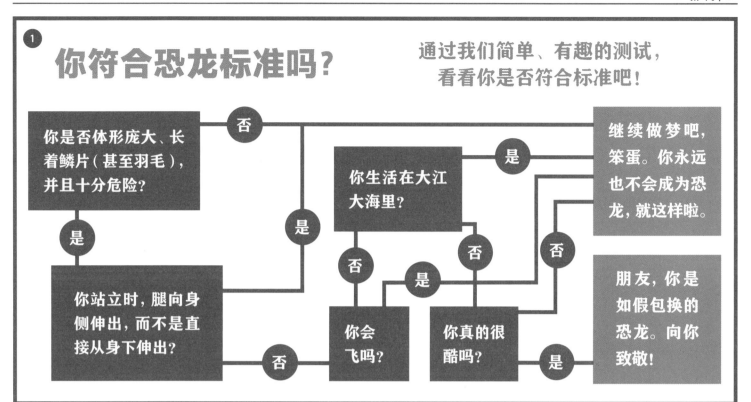

你是否体形庞大、长着鳞片（甚至羽毛），并且十分危险？ —否—

否↓

是↓

你站立时，腿向身侧伸出，而不是直接从身下伸出？ —否—

你生活在大江大海里？ —是—

是↓

否↓   是↓

你会飞吗？

你真的很酷吗？ —否—

否↓   是↓

继续做梦吧，笨蛋。你永远也不会成为恐龙，就这样啦。

朋友，你是如假包换的恐龙。向你致敬！

胜利的尾巴！

骄傲的霸王龙塔姆辛前不久勇夺新千年尾巴摔跤杯冠军。

"能赢得比赛我非常高兴！"她对本报记者表示，"你们可以看到，我一路击败了所有对手，不过跟'巨龙苔丝'的比赛还是费了点劲！呃，你能帮我拿一下奖杯吗？我的小手臂有点酸痛。"

雌性霸王龙的体形比雄性霸王龙大，所以后者还没有赢得过冠军，一次都没有。

霸王龙档案

身长： 约12米
体重： 约7000千克

🦶 **体形：** 他们不是体形最庞大的恐龙，但绝对是最可怕的一种恐龙——尽管巨兽龙和棘龙体形更庞大、更可怕。

♥ **温和度：** 零。这些家伙喜欢找麻烦，他们才不管你是谁。悄悄说一句，他们也不太聪明——哪怕你是一头体形巨大的蜥脚类恐龙，他们都会尝试咬咬你的后腿。

👁 **你注意到了吗：** 对于霸王龙这样的坏男孩（坏女孩）来说，他们的手臂实在太小了，做不了什么。一定不要在他们面前指出或嘲笑这一点，他们可不会觉得好笑。

⭐ **趣味事实：** 刚从蛋里孵出来时，小霸王龙身上覆盖着一层羽毛。某种意义上来说，真可爱！

争夺领导权！

来自斑龙的报道。

两头重头龙将为争夺领导权进行"正面肉搏"。

两头雄性重头龙面对面站定，随时准备冲向对方。空中回荡着咆哮声、咕隆声和地动山摇的尖叫声。

双方都决心打败对方，证明自己才是族群的首领。

他们分别叫硬头和厚头。他们是肿头龙的一种，头骨肿大，坚硬厚实。这两头恐龙更是远近闻名的铁头大哥。

铁头

"我们重头龙之间解决分歧都是靠狠狠撞击彼此的脑袋，直到其中一个撞得头痛，不得不坐下休息。"一头"发言龙"解释道，"无论是争夺伴侣，还是争夺领导权，我们都是一撞了事。"

干旱

近几个月来，降水不足影响了重头龙的生活。"自从发生了干旱，食物就变得非常稀缺，""发言龙"说道，"我的首领硬头认为很快就会下雨，植物会重新生长，我们就有吃的了。可是厚头认为我们现在应该迁徙到别的地方寻找食物，不然就晚了。"

就在她发言的时候，一头路过的伤齿龙停了下来。"一群笨蛋。"他一边围观决斗，一边叹着气。众所周知，伤齿龙是最聪明的十种恐龙之一。不过，继续上路之前，伤齿龙还是笑着说道："面对现实吧，伙计。这没什么大不了。"

❷ 识别骗子

最近有消息称，几头恐龙胆大包天，化装成我们敬爱的恐龙皇室的王子，享受王子特权！要确认你面前的是否是皇室成员，请一定检查对方是否穿戴了以下皇家服饰：

· **白垩纪皇冠**
· **装饰权杖**
· **王权金宝球**
· **王权勋章**
· **原始宝剑**

请找出下图中唯一的皇家角龙：

重爪巴里鱼吧

尝尝我们的鱼露——不可错过的美味！

喜欢吃刚抓上来、还在活蹦乱跳的鱼？这里的比目鱼就是为你准备的！

重爪龙因长着巨大的爪子而得名。店主巴里会先用他那双巨爪按照顾客的要求抓鱼，然后把鱼小心翼翼地放进长着锋利牙齿的嘴里，再直接甩进你的嘴里。

重爪龙档案

身长： 约 10 米
体重： 约 2000 千克

🦶 **体形：** 非常庞大，差不多有一棵大树那么高。

♥ **温和度：** 是否温和取决于你是不是鱼。重爪龙是身手敏捷的捕鱼高手。他们挥舞着巨大而锋利的爪子，刺向游来游去的鱼，然后用密集的牙齿咬掉鱼头。

👁 **你注意到了吗：** 他们锋利的"拇指"十分突出，比其他爪子大得多。这就是他们的名字的由来——在希腊语中，他们的名字就是"沉重的爪子"的意思。

⭐ **趣味事实：** 巴里和他的伙伴来自欧洲，但他们跟非洲的棘龙是近亲。他们和棘龙都长着又长又窄的鼻子，就像莫德姨妈*的鼻子一样。

*1969 年英国首播的电视剧《公交车上》中的一个角色。——译者注

③ 流星雨

今天早些时候，天空中降下了陨石，像雨点一样砸在平原上，给通往小溪的路段造成了混乱。根据观测，总共有 10 颗陨石。你能把它们找出来吗？

④ 通缉令

奖赏 1000 颗鹅卵石 **不论死活**

孵蛋季已经开始了。有些恐龙因为孵化成果而兴奋不已，但对有些恐龙来说，孵蛋季意味着早餐！有个无赖强盗被指控偷走并吞食了超过 54 颗蛋。你能画出嫌疑龙的画像，协助警方抓住他吗？他的特征如下：

· 肚子大 · 非常臭 · 头超大 · 牙齿参差不齐 · 尾巴让人害怕 · 长长的爪子 · 可怕的角

异特龙出动！

"保持警惕！"恐龙委员会发出警告，因为有掠食者威胁公共安全。

有消息称，异特龙跟踪、捕杀其他恐龙的事件日益增多。很多体形较小的恐龙遭到攻击。几天前，一头成年异特龙甚至袭击了一头年幼的剑龙。详情请参阅下方"战斗报道"。

兽脚亚目恐龙

异特龙属于兽脚亚目恐龙。他们的体形各不相同，但都有巨大的脑袋，用两条后腿走路，还有长而有力的尾巴用来保持平衡。他们还有细小的手臂，经常晃来晃去，看起来傻里傻气。但是，如果你离他们的爪子太近，可能就不会觉得很有趣了。

牙齿

异特龙以锋利的牙齿闻名。他们的牙齿可以长到10厘米那么长，齿缘呈锯齿状，可以刺穿坚硬的兽皮。他们的牙齿会定期脱落，为新牙齿腾出空间。"你总能轻易辨认出他们的狩猎区，因为那里到处散落着他们的旧牙齿。"接受我们采访的一头年轻甲龙说道，"我原本打算收集那些牙齿做成项链，但我妈妈跟我说，那些牙齿很脏。"

警告

官方提醒大家保持警惕，随时注意袭击者。请注意本版警告事项，翻页获取实用生存贴士和诀窍……注意安全！

口水战：三叠纪晚期，两头苏格兰斯克列罗龙在吵架。真可爱！

脚印警告

恐龙委员会公告

有备无患！
请注意！保持警惕！
只有识别出你的敌人
留下的印记，
你才安全。记住，
异特龙的脚有
3个长爪子和1个
长在脚后面的
奇怪的疙瘩。

我们已经警告过你了。

其他新闻

战斗报道

剑龙斯坦 VS. 异特龙艾伦。周二晚上，3吨重的艾伦悄悄向2.5吨重的斯坦发起攻击，前者用头狠狠地撞向后者坚固的侧身，想把他撞翻。斯坦毫不退让，用他的尾棘，也就是"带刺的尾巴"，猛刺艾伦的后腿。艾伦又用力一撞，把斯坦撞翻在地。斯坦被困住了，他又硬又尖的骨板插进了地面，粗短的腿在空中乱蹬，柔软的肚子暴露出来。艾伦趁机把巨大的尖牙咬进斯坦的肚皮。战斗结束。剑龙斯坦，请安息吧。

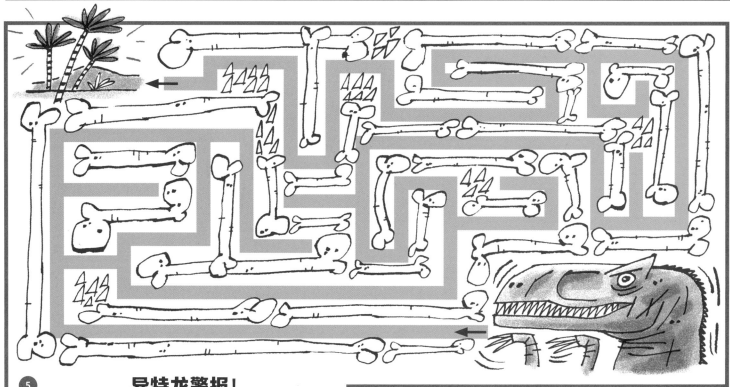

5 **异特龙警报！**

发现异特龙，警报已发出！你能穿过这个由牙齿和骨头搭建的迷宫，逃到安全树下吗？

异特龙档案

身长： 约9米
体重： 约1500千克

🦶 **体形：** 大概有一辆卡车那么大 —— 呃，卡车嘛，遥远将来的某一天会出现的。

❤️ **温和度：** 低。异特龙是肉食动物。这么说吧，他们对交朋友压根儿不感兴趣。

👁 **你注意到了吗：** 他们的嘴巴露出了很多锯齿状的尖利长牙，数量很多，非常锋利。

⭐ **趣味事实：** 和许多肉食动物一样，异特龙的牙齿一直在脱落。但是，别担心，他们会迅速长出新牙齿，甚至比之前的更锋利。嗷。

6 # 谁的脚印？

在危险找上你之前，找出危险！

学会辨认异特龙的脚印意味着
你清楚什么时候该掉转尾巴，转身逃跑！
你能找出那个危险的脚印吗？

附：生存贴士＆诀窍

外面的世界很凶险！
你要运用智慧，随机应变。

总会有一个更庞大、更卑鄙的家伙在下一个灌木丛里等着你。如果你有敏锐的嗅觉或听觉，遇到麻烦就行动起来！充分利用你的伪装隐藏起来，避免一开始就被发现。但是，仅凭智慧就只能到这步了。至于如何利用自己天生的防御能力来对抗欺负你的家伙，我们拜访了当地的自卫俱乐部，并咨询了专家。

三角龙托尼正在参加这个时期的史前运动会——参见第 26 页体育版内容。

变得更大

在那些家伙发动攻击之前就把他们吓跑！尽可能让自己看起来具有威胁性，会让攻击者再好好想想是否要发起进攻。你有三角龙这样的角？那就用角指着他们。你有颈盾？那就竖起来，让你看起来更庞大。你有鳍？那就狠狠地挥舞起来。如果你能发出恐怖的咆哮声，那些想欺负你的家伙就会立刻转身逃跑！

利用优势

如果你的体形已经很庞大了，简直就是巨大的优势。你的大尾巴就能把对手扇飞。如果你能把敌人压在屁股底下，哪还需要什么锋利的牙齿或爪子？像这头鲸龙那样的超大屁股压在敌人身上，敌人就什么都做不了啦！

刺击对手

不管肚子有多饿，没有谁想从牙齿缝里挑刺。像这样，身上长着尖刺，任何攻击者都会畏惧三分！背部长刺很可能让你死里逃生，这头棱背龙就很好地证明了这一点。

撒腿就跑

如果其他招数都不起作用，那就赶紧跑！赶紧跑！！有时候唯一能做的就是逃命（run for your lives）。你的敌人可能比你庞大，但可能没你跑得快。所以，就像这头幼年鸟鳄一样，撒腿就跑吧。这么做或许比待在原地和敌人缠斗强。

试试伪装甲！

觉得很窝囊？那就变成杀手吧！伪装甲——让你看起来威风凛凛。

想让自己看起来更吓人？想让女士们爱上你？你需要一套全新的伪装甲！这里有一系列捆绑式套装供你选择：鳍翼、背棘、长刺、尖角。穿上这些东西，你会立刻显得坚不可摧！

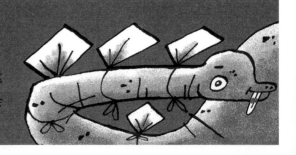

7 # 搭配

我们各自用不同的身体部位来击退敌人。你能找出下面的恐龙相对应的自卫部位吗?

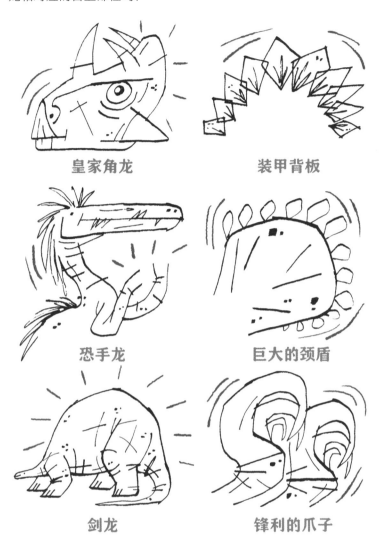

皇家角龙

装甲背板

恐手龙

巨大的颈盾

剑龙

锋利的爪子

甲龙档案

身长:
约 7 米
体重:
约 4000 千克

体形: 大概相当于一辆大型货运面包车 ——管它是什么东西呢!

温和度: 高。甲龙喜欢吃蕨类植物,移动速度很慢很慢。如果遭受攻击,他们会趴在地上,用骨甲展开防御。他们不会主动挑起争斗,但尾巴尖上有巨大的尾槌,如果其他恐龙玩得太过火,甲龙就会用尾槌来让对方消停。

你注意到了吗: 他们浑身长满了锋利、尖锐的钉状骨板。无论多么锋利的牙齿或爪子都没法穿透这身骨甲。因此,大多数甲龙都能在战斗中幸存。

趣味事实: 成年甲龙体重为 3~4 吨,腿非常短。他们几乎不可能被撞翻在地并露出柔软的肚子给敌人咬上一口 —— 这一点许多灰心丧气的霸王龙可以做证。

连点作画

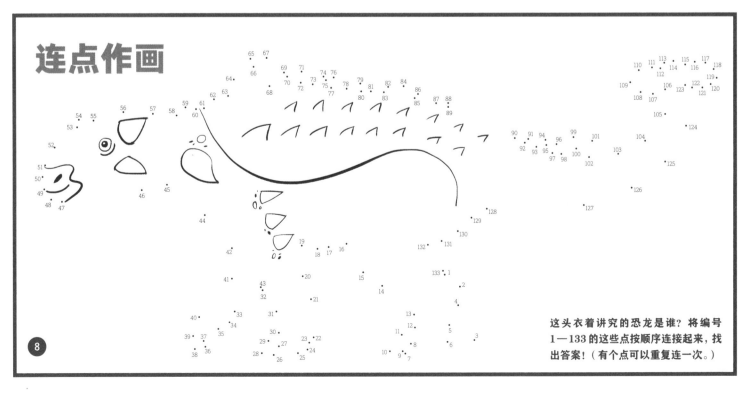

这头衣着讲究的恐龙是谁? 将编号 1—133 的这些点按顺序连接起来,找出答案!(有个点可以重复连一次。)

9

找词游戏

我们已经将末日恐龙的可怕预言变成适合全家人一起玩的趣味游戏！看看你能否从下面混乱的单词表中找出 5 个与灾难相关的单词。

陨石（METEOR）撞击（IMPACT）
尘埃（DUST）饥饿（STARVE）灭绝（EXTINCT）

U	G	E	P	F	H	I	U
L	Q	G	S	H	K	M	F
O	A	B	R	S	C	P	B
M	E	T	E	O	R	A	R
A	N	L	X	E	N	C	I
H	C	U	T	G	P	T	B
Y	L	D	I	V	L	O	S
G	M	T	N	E	A	Y	A
I	S	J	C	B	S	A	O
A	E	S	T	A	R	V	E
O	U	T	L	P	G	C	H
L	N	G	N	T	B	Y	I
D	U	S	T	M	L	W	E

末日恐龙预言灾难！

我们都经历过灾难——水坑处喝不到水、踩在其他恐龙的脚上、被饥饿的敌人吃掉一窝蛋——反正都不是什么好事。

NEAVE PARKER

末日恐龙的预言正迅速传播开来。一头悲观的棘甲龙声称，一场真正的大灾难即将到来，很可能毁灭一切，包括我们恐龙！

追随者亲切地称呼末日恐龙为 DD。他一直对愿意听他说话的恐龙说，一块巨大的石头正从非常非常非常非常非常遥远的地方向我们飞来，随时可能撞击我们的地面。我们决定以开放的心态对待他所讲述的荒唐事。我们找到了 DD，希望从中了解详情：

DD，你是怎么产生这种巨石幻想的？

这不是幻想，这是真的！我做梦梦到了。一块巨大的石头将撞击地球，从未见过的巨型尘埃云将腾空而起。尘埃和烟雾会笼罩地球长达数周，甚至数月，吞没所有阳光和热量。到时候万物会停止生长，植物会死掉，可吃的东西都会消失。一开始，草食动物会饿肚子，等他们饿死后，肉食动物、掠食动物、食腐动物也渐渐没有东西可吃了！但愿这片土地的每个角落都能听到我说的话！我们都会完蛋的。我的意思是，彻底完蛋！

哦，这样。那到底是谁扔的这块石头呢？嗯，巨兽龙或者霸王龙生气时会乱扔石头，可是他们的体形扔不了那么大的石头呀。庞大的蜥脚类恐龙也许可以做到，但他们太友善、太温柔了。

10

NUR RFO RUOY VLISE!!!*

___ __ ____ _____ !!!

DD 主动提出为这个页面出个谜题。这是个易位构词游戏！调整这些字母，找出有趣的隐藏信息。

———————————

* 拼出来的英文短语意为"逃命"。——译者注

末日恐龙声称，一块巨石将会从天而降。

不，你没明白。没有谁扔那块石头。它就是从那儿落下来的，从天而降。

哦，像陨石那样？我们之前见过很多陨石，它们并没有那么大，有时候会从你的背上弹开呢！嗯，问题解决了。现在，让我们忘记巨石。你最喜欢什么颜色？

············

DD 似乎没有喜欢的颜色。他只是悲哀地看着我们，然后垂头丧气地走了。

好了，伙计们，情况就是这样。没什么好担心的，就是个愚蠢的梦罢了。毕竟，我们离世界末日还早着呢。如果有谁觉得一块小小的陨石就能让恐龙永远灭绝，那么，他一定像DD一样疯狂！绝不夸张！

棘甲龙档案

身长： 约 5.5 米
体重： 约 380 千克

🐾 **体形：** 这些家伙是体形庞大的草食动物。他们的大小与一个未来被称之为"汽车"的东西差不多。

♥ **温和度：** 跟大多数草食动物一样，温和度很高。不过，他们还是可能不小心踩到你。

👁 **你注意到了吗：** 他们身披厚重的铠甲，肩头、颈部和脊背上遍布致命的尖刺。如果你在寻找容易入口的美味，他们显然不是理想的目标。

⭐ **趣味事实：** 据说他们的消化道超级大，还有特别的隔室帮助消化吃下去的植物，排出大量气体。所以，千万别站在这些家伙的后面！

专题报道 聚焦

—— 目前尚不存在但会在未来大放异彩的史前生物

由于恐龙经常上新闻，我们决定在本报通灵师神秘巨齿鲨的帮助下，看看那些未来将在我们星球上生活的非恐龙类动物。

莫尼西鼠（巨型鼠）

先想象一下：和一只灌木大小的啮齿动物面对面会是怎样一番景象……虽然莫尼西鼠是素食鼠，但是他们的龅牙大到可以在地上挖洞，或是推动树干这样的大型物体！这里还没提到他们的脑袋呢——他们脑袋的长度超过了0.5米。对鼠类来说，这可真是个大脑袋！

大地懒

大地懒是一种巨型树懒，体形庞大，爪子锋利。这种巨型生物能轻易撞倒一棵树并嚼食树上的叶子。他们还对鲜肉情有独钟。不过，不用太担心——他们的行走速度非常慢。即使你在他的南美老家撞见他，也可以轻松逃走。

泰坦蟒

泰坦蟒这个名字的意思就是"巨蛇"，恰到好处地描述了他的样子。泰坦蟒体形庞大，可以一口吞掉重达一吨的鳄鱼！但别担心，这种咬合力惊人的动物只生活在南美洲的热带沼泽里。

恐象

恐象与恐龙的相似之处超出了你的想象。就像恐龙"Dinosaur"在希腊语中意为"可怕的蜥蜴"一样，恐象"Deinotherium"的前半部分在古希腊语中意为"可怕的"，"Deinotherium"则意为"可怕的哺乳动物"。恐象的下颌长着一对尖利的獠牙。不久后的某一天，这些长相恐怖的家伙将遍布地球的树林，成为行走在这颗星球上最大的一种非恐龙类动物。但是，你大可放心，他们以吃植物为生——除非你是蕨类植物。

上龙档案

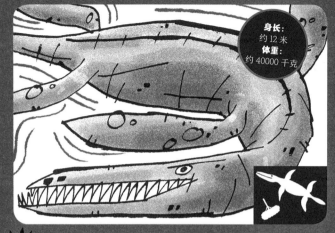

身长：
约 12 米
体重：
约 40000 千克

体形： 非常大！大概有一头抹香鲸那么大 —— 抹香鲸嘛，管它是什么东西呢！

温和度： 低。他们会吃掉所有能吃的东西。四个扁平的鳍状肢，使得他们成为速度惊人的水下掠食者。但因为他们是爬行动物而非鱼类，所以必须时不时到水面上换口气，这恰恰是你逃跑的好机会。

你注意到了吗： 这些巨大的海洋巨兽有非常锋利的牙齿，每颗牙齿长约 7 厘米。下次下水游玩时请务必小心……

趣味事实： 上龙属于蛇颈龙家族，但大多数蛇颈龙的脖子比他们长，脑袋比他们小。

 ⑫

智力测试！

看看你能答对几道题：

对 或 **错** ？

1. 上龙是大型鱼类。

2. 大地懒来自南非。

3. 上龙体重超过 100000 千克。

4. 泰坦蟒生活在森林里。

5. 恐象只吃植物。

6. 恐象名字的意思是"可怕的气息"。

⑪ # 找不同

蛇颈龙是神奇的海洋猎手。仔细看看这两张蛇颈龙图片，它们有 5 处细微的不同，你能全部找出来吗？

你个头很小吗？

你想变大点吗？

那就试试这个让所有恐龙都抓狂的小诀窍吧。
这是所有恐龙都不想让你知道的诀窍！

超级简单！如果没有更大的动物来抓你，把你吃掉，你和你的家人就会长得越来越大！越来越大!! 越来越大!!! 只要把比你大的肉食动物统统杀掉，你就能很快长大！（这一"长大"的过程要花上几百万年。）

育儿地狱

看看这位原角龙妈妈要面对些什么吧！不是 1 只、2 只，而是 18 只小原角龙！他们全都在几天之内破壳而出！

"我必须承认，要随时弄清楚他们在哪儿是件麻烦事。"小原角龙骄傲的妈妈帕姆笑着说道，"一只到沙丘上玩，另一只在沙丘下玩，然后我听到咔嚓一声响，知道又有一只要出来了。"幸运的是，帕姆有保罗帮忙，保罗是她上次孵出来的儿子。

漂亮的颈盾

保罗已经 8 个月大了，就快离巢了。帕姆已经教会他所有的生存技巧——他已经学会了寻找食物（主要是生

长在沙漠中的坚韧蕨茎）和竖起骨质颈盾让自己看起来更庞大。我让他给我们展示一下。哇哦！保罗很快就能吓跑敌人并且寻找女朋友啦。所以，女士们——小心点！

危险

"他绝对该搬出去了。"帕姆也表示赞同，"现在我需要把精力放在新宝宝上，得时刻提防危险。"

帕姆告诉我们，仅仅上个月，就有 15 只刚孵出来的幼崽被沙尘暴活埋。"太惨了，"帕姆点着头说道，"一窝幼崽瞬间全没了。日子不好过，但我认为至少有 5 只幼崽能活下来。"

她一边说着，一边回头骄傲地看向孩子们。有一只正挣扎着破壳而出，她匆忙赶去帮忙。祝你好运，帕姆，也祝小家伙们好运！

帕姆和保罗、皮尔斯、普雷斯利、普里希拉、帕尔奇、皮帕、普鲁登斯。

原角龙档案

身长：
约 1.8 米
体重：
约 400 千克

体形： 属于恐龙家族中体形很小的恐龙。成年原角龙与几百年后的某种动物一样大，那个动物叫啥？绵羊？

温和度： 低。千万别夹在一头原角龙和她的宝宝中间！原角龙虽然不吃肉，但如果觉得孩子受到了威胁，就会变得极具攻击性。

你注意到了吗： 巨大的骨质颈盾让原角龙看起来更庞大、更有威慑力。

趣味事实： 原角龙的脑袋相比身体其他部分要大得多。相应地，他们的嘴巴也非常大，可以吞下难啃的茎秆和叶子。

帕姆正在等待最后一个宝宝破壳而出。请画出你心目中小原角龙宝宝的模样：

13

评论

评论员伤齿龙特鲁迪

我们都经历过使劲推一下，咔哒一声，"再见了温暖舒适的蛋壳""你好，糟糕的大世界"。有的恐龙宝宝很幸运，父母一直在身旁，孵化那天还会得到其帮助，迎接全新的开始。他们一直得到父母的照顾，直到有能力独立生活。

那么，恐龙父母的名声为什么如此糟糕呢？嗯，因为凡事总有例外。霸王龙宝宝从出生第一天开始就要自食其力……我们都知道他们最后变成了怎样的小恶魔。有些聪明的父母发现，照顾好自己的宝宝，意味着整个物种更有可能生存下来。大

> **"那么，恐龙父母的名声为什么如此糟糕呢？"**

屁股鸭嘴龙就过着群居生活，有时候会互相照看孩子，而聪明的伤齿龙甚至会让孩子上小提琴课。

所以我认为恐龙能成为好父母！我们得承认：有爱总比没爱强。

14

H	A	N	H	P	S	E	L	I	Q
A	A	S	F	O	A	T	C	E	R
A	S	T	U	K	N	A	D	G	U
M	A	P	C	B	D	B	F	G	O
T	O	G	S	H	O	U	L	S	F
S	H	E	L	L	I	C	R	B	I
E	I	U	L	A	Z	N	E	U	D
N	E	S	R	O	J	I	G	Y	V

找词游戏

不要远离你的窝！

每年，数以百计的恐龙幼崽会被沙尘暴活埋或被掠食者吃掉。幼崽英雄联盟希望利用这个找词游戏，提高大家对幼崽的保护意识。你能从方框中找出下面列出的这 6 个单词吗？

HATCHING（孵化）
EGGS（蛋）NEST（窝）
SAND（沙子）INCUBATE（孵卵）
SHELL（壳）

昔日的迷惑龙。

直上云霄的脑袋！

我们这颗星球上的恐龙形态各异，大小不一，但没有哪类恐龙比性情平和的蜥脚类恐龙更庞大。

蜥脚类恐龙多种多样，但他们都是草食性恐龙，长着四条腿，脖子和尾巴都很长，体形也非常庞大——尤其是阿根廷龙，体重可达 70 吨！

我们站在树墩上，朝阿根廷龙的家族成员、雄性成年龙艾伦打了声招呼，问他体形如此巨大感觉怎么样。

艾伦略感尴尬地哼了哼气，身旁一棵小树差点被吹倒在地。"我想，"他轻声说道，"体形大意味着你不会遇到太多麻烦。我是说，能给我们带来麻烦的动物不多，我们能专心做自己的事。"

"'专心做自己的事'是什么意思？"我们追问道。"呃，"他害羞地说道，"我们吃得多，需要大量食物来填饱肚子，所以每天大部分

> "我们吃得多，需要大量食物来填饱肚子，所以每天大部分时间都要从灌木丛和树上扯下叶子来吃。"

时间都要从灌木丛和树上扯下叶子来吃，这时我们的长脖子就能派上用场了。但我们不会咀嚼叶子。我们会吃很多叶子，但从来不咀嚼叶子，然后我们就会肚子疼……有一次，我叔叔纳古斯吞下了一些石头，我们以为他要用石头来磨碎食物，但后来证明那只是个意外。不过，肚子很快就不疼

了，因为我们有庞大的消化器官来处理食物。"

蜥脚类恐龙每天还要做些什么呢？"是这样，我们不会四处走动，像我们这样的大块头，转个身都要费上一番工夫，所以我们一般只会慢慢向前走，沿途有什么就吃什么。"有点像蜥脚漫步？我们开了个玩笑，但艾伦好像没听懂。事实上，他好像根本没听我们说话，而是甩

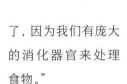

动着长脖子，从一棵桫椤上扯了一嘴绿叶。他们的注意力持续时间不太长，但不论是不是蜥脚漫步，这些家伙都令人难忘！

一头侏罗纪中期的鲸龙准备下水凉快一下。

涂色

让这头长着羽毛的漂亮小盗龙流光溢彩吧！

15

阿根廷龙档案

身长：约 35 米
体重：约 70000 千克

体形：体形巨大，走路的时候地面都跟着颤动。

温和度：噢，高，实在是高！这些温柔的家伙过着群居生活，互相照顾孩子。他们才不想打架呢！

你注意到了吗：他们的鼻孔很大，既让他们嗅觉灵敏，又有助于他们的大脑降温。

趣味事实：他们是少数几种只生活在一个地质年代（白垩纪）的动物。千真万确！

鸭嘴 & 嘣鸣合唱团

头上长有头冠？
想让它发出点
声音？
那就来加入这
个白垩纪合
唱团吧。

我们的号角手多种多样，体形各异，既有鸭嘴龙，又有肿头龙。别害羞，快来试一试！

剑龙档案

身长：
约 9 米
体重：
约 3000 千克

🐾 **体形：** 成年剑龙身长大约 9 米。与其他一些恐龙相比，他们的体形不算大。

♥ **温和度：** 非常高。这些草食动物的注意力都放在了树上。

👁 **你注意到了吗：** 呃，嘿，剑龙后背那两排精巧的骨板很吸引眼球，你说呢？尾巴上的尖刺也同样引人注目，好像在说："别靠近，否则你会失去一只眼睛！"

⭐ **趣味事实：** 剑龙的骨板附着在他们厚实的外皮上，而棘龙的背棘是骨骼的一部分。

酷炫背棘！

本期我们怀着高兴——也有点害怕的心情——采访了中生代最大的肉食性恐龙：棘龙！

成年棘龙的体重可达 10 吨，体形比霸王龙还要高大，这主要归功于他们背上神气的背棘（背棘最高处距离棘龙身体可达 2 米）。

不过，我们无须担忧，棘龙斯宾奇极富亲和力。他会用高亢的气息声提醒我们：他喜欢的肉类基本是鱼肉。

"你瞧，我多数时间都在游泳。"他笑着摆动起背棘，差点把两只低空飞行的翼手龙撞下来，"我的主食是鱼类，但我也喜欢吃一些小型草食动物——看心情了。"

我们正式开始采访，希望他心情愉快。

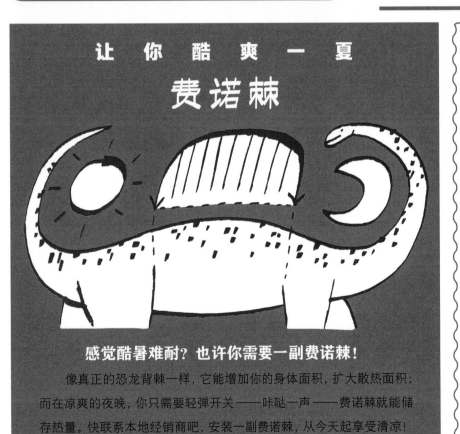
魅力恐龙！

恭喜剑龙史蒂夫获得当代魅力恐龙大赛第一名！

"史蒂夫的骨板让我们眼前一亮。"一名评委赞叹道，"他在台上走秀时，骨板将他的成熟和活力表露无遗。"当然，史蒂夫多年来一直无法摆脱女士们的纠缠，他认为自己之所以赢得如此多的关注，完全是帅气骨板的错。

史蒂夫拒绝对此次获胜发表评论。他正忙着修整他的骨板。赢得漂亮，史蒂夫！

听说你偶尔会跟体形庞大的帝鳄吵几句，这是真的吗？

是的，我们有时候会这样。多数时候我们相安无事。不过，我们都捕食大鱼，也都有点脾气，所以有时候会出点问题。比如说，我的大姨妈苏琪并不是老死的……

你的牙齿很引人注意——你嘴巴前面露出了两颗锋利的长牙——你介意张开嘴让我们看看吗？

不介意。没错，我嘴巴里面也有很锋利的牙齿，不过，嘴巴中间大多是平整的牙齿，方便我磨碎食物。我吃的东西很杂，需要不同类型的牙齿帮忙。我吃鱼、鸟，还有其他恐龙……基本上见什么吃什么。

斯宾奇，你的背棘实在太神气了。你能跟我们聊聊吗？

谢谢！这的确是我的最佳标识，它有很多用处！首先，女孩们很喜欢它，所以我从来不缺约会。其次，游泳的时候，这东西超级有用——轻轻摆动一下，就能让我掉转方向，对我追捕鱼类非常有利。但我最喜欢它的一点是：大热天的时候我能用它来保持凉爽。因为我的背棘非常大，能散发全身的热气，白天也能让我保持凉爽。到了晚上，我的背棘也很有用：因为白天我在背棘中储存了大量热量，能让我在晚上暖和一些。

哇，太不可思议了！你刚提到了游泳，能就这个话题多说几句吗？

我酷爱游泳，获得了很多荣誉。现在我可以潜到很深的地方，抓住河底所有大鱼。我也喜欢待在陆地上，但游泳就像是……我与生俱来的天赋？我长着一双后脚蹼，能帮助我踩水。我还可以借助背棘和尾巴转向。

> **"我吃鱼、鸟，还有其他恐龙……基本上见什么吃什么。"**

我们认为现在是结束采访的好时机，于是我们感谢了斯宾奇，然后迅速逃离了采访现场。毫无疑问，棘龙是迷人的家伙，但最好还是跟他们保持一定的距离。

---

16 少了什么？

你能根据这些图案找出缺失的东西吗？

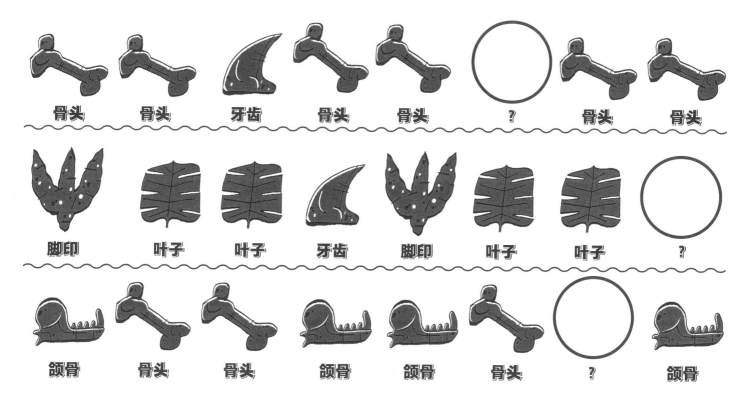

| 骨头 | 骨头 | 牙齿 | 骨头 | 骨头 | ? | 骨头 | 骨头 |

| 脚印 | 叶子 | 叶子 | 牙齿 | 脚印 | 叶子 | 叶子 | ? |

| 颌骨 | 骨头 | 骨头 | 颌骨 | 颌骨 | 骨头 | ? | 颌骨 |

环境

你需要划木筏穿过裂缝吗?

我们都知道,我们生活的泛大陆和泛大洋变幻莫测。

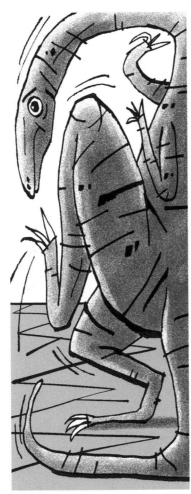

前一分钟你还站在一座平平无奇的小山头上,下一分钟你就被喷涌而出的泥浆喷到半空中,或是被可怕的海啸卷走,抑或葬身于山体滑坡,更别提还有沙尘暴、地震、雪崩和落水洞了——早上还能起床已经是万幸了。

可是你知道吗,我们脚下的大地正四分五裂,大片陆地在大洋中漂移(虽然很慢)?

或许我们不用太担心,毕竟以前出现过这种情况。传说,数百万年前我们的大陆就曾分离开来,又在数百万年后聚合起来。但这次的分离将带给我们无法想象的后果。

一个个家庭可能会被拆散,除非他们都能游得很快。原本热气腾腾的大陆上苗壮成长的植物,可能会因为大陆漂移到寒冷的北边而死去。这意味着那些草食动物将会饿死,而草食动物变少意味着肉食动物的猎物随之减少,也就意味着只有最强壮、最凶狠

的肉食动物才能生存下来。想想就觉得可怕!

所以,我们要随机应变,让家人待在一起。下次你听到巨大的隆隆声时,别再以为那只是你的肚子在叫。注意地面,尽量让自己待在安全的一边。

水龙兽档案

身长: 约0.9米
体重: 约90千克

🐾 **体形:** 非常小,不过这得参照你的体形来说了。这么说吧,把他们踩在脚下并非难事。

♥ **温和度:** 噢,很温和!这些小家伙是草食动物。话说回来,如果你小到可以随便被踩在脚底,你也不会到处惹事。

👁 **你注意到了吗:** 他们的模样很好笑。嘴巴前部只有两颗牙齿,就像两颗獠牙。前腿上部架着宽大的肩膀,使得他们有足够的力量挖洞。他们的拉丁学名意为"铲子蜥蜴"。这名字一点也不夸张,名副其实。

⭐ **趣味事实:** 这些小家伙随处可见,无论你走到哪里,都能见到他们的身影。所以,当大陆像之前预测的那样分离时,他们的家庭会被拆得七零八落,你也肯定会为他们感到难过……

旅行报告

水龙兽莱斯利游览泛大陆低地潟湖

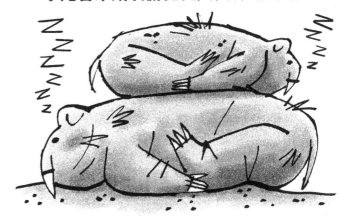

懒洋洋地躺在泥地里,在沙地上漫步,东闻闻西嗅嗅——在低地潟湖有很多放松的方式,而我和我的孩子们几乎完全不知道从哪里开始。晒了一天的日光浴,游了一

17

疯狂绘图

你能画出三叠纪时期大陆的形状吗？下面的正方形网格可以辅助你描绘这张图。

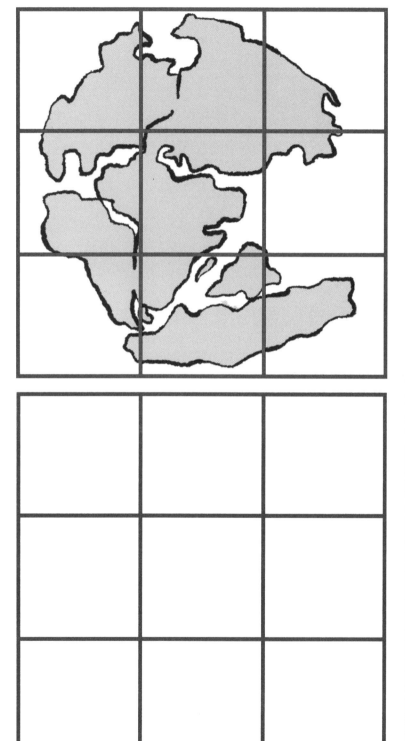

18

分离挑战

下面 5 张图片描绘了我们所在的这片大陆曾经的样子、慢慢分离的情形，以及未来可能的形状。我们已经给第一张和最后一张编了号，你能按正确顺序给其余的图片编号吗？

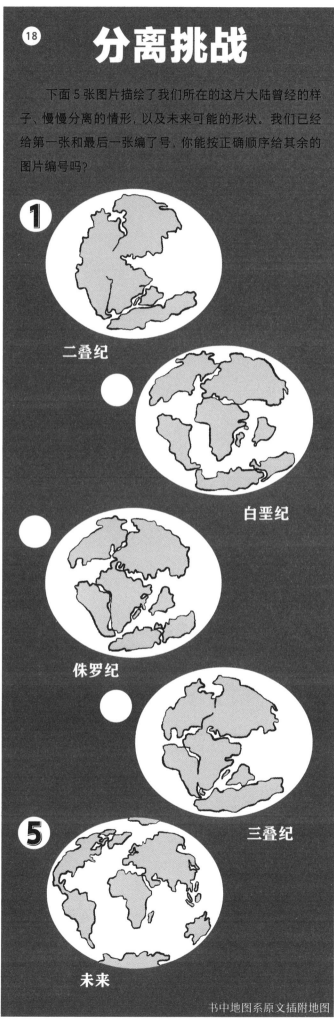

1 二叠纪

白垩纪

侏罗纪

三叠纪

5 未来

天的泳之后，是时候吃点什么了——可供选择的木贼类植物和石松类植物可真多啊！经过一番讨论，我们享用了一顿美味的木贼和石松大餐，然后用连着强有力肩膀的前爪，在沙地上挖出了三小块舒适的地方，躺进去打了个盹。我们在潟湖度过了美好的一天，相信我，我们很快会再来！

书中地图系原文插附地图

与毒瘾龙瓦莱丽一起体验

非常素食

我们所在的中生代发生了许多变化，气候变化尤其剧烈（我们知道，气候变化影响了我们赖以生存的植物）。我们草食动物最喜欢的就是一望无尽的大片绿色植物，但这种景象并不是一直都有的。让我们回顾一下我们在不同时期主要的素食吧。

艰难三叠纪

这一时期大约持续了5100万年（前后误差几十万年）。这段漫长的岁月里并没有多少令人兴奋的绿色植物。植物长得最好的地段在泛大陆边缘周围，靠近大海的地方。那里雨水充足，空气中夹杂着淡淡的咸味。越往内陆走，气候越干燥，最后几乎只剩下沙漠，而一路上树木和灌木上的刺也越来越多。你要是不小心，嘴巴就会被刺破，然后你得花上好几天把刺从嘴里拔出来。这个时期无法为制作一顿美味沙拉提供绝佳的条件。

水嫩侏罗纪

植物生长状况大有改观！在这5500多万年间，世界真的变暖了，变得湿热起来，非常适合植物生长。这个时期到处是茂密的森林，树木真正遇到了生长的好时候，长得又高又大，叶子水嫩厚实。这个时期的主要植物是蕨类、松杉、银杏，其中一些长得很高，许多草食恐龙不得不努力伸长脖子才能够到叶子，然后一直保持那样的姿势。

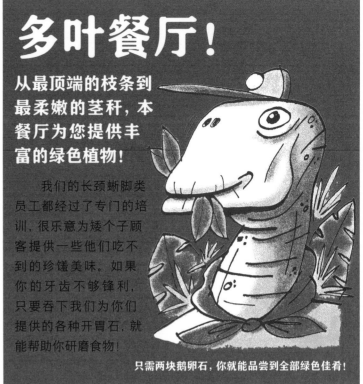

多叶餐厅！

从最顶端的枝条到最柔嫩的茎秆，本餐厅为您提供丰富的绿色植物！

我们的长颈蜥脚类员工都经过了专门的培训，很乐意为矮个子顾客提供一些他们吃不到的珍馐美味。如果你的牙齿不够锋利，只要吞下我们为你们提供的各种开胃石，就能帮助你研磨食物！

只需两块鹅卵石，你就能品尝到全部绿色佳肴！

爽脆白垩纪

嗯，好吃。这一时期持续时间最长，大约持续了8000万年。在此期间，地球再次降温。变得有点干燥，新的植物开始萌发，尤其是那些会开出鲜艳花朵的植物，比如睡莲和木兰。蕨类植物和各种树木仍然茁壮成长，品种也更多了，这为制作美味沙拉创造了绝好的条件！

侏罗纪晚期，一头梁龙在潟湖边寻找美味的绿色植物。

⑲ 植物图案

仔细观察，你能画出下一个植物图案吗?

银杏　　银杏　　蕨类　　银杏　　银杏　　?

  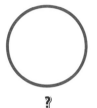

松杉　　银杏　　?　　银杏　　松杉　　银杏

银杏　　松杉　　松杉　　银杏　　松杉　　?

毒瘾龙档案

身长: 约10米
体重: 约8000千克

🦶 **体形:** 中等身材。算上长长的脖子和尾巴，约达10米。

❤ **温和度:** 高得爆表! 这些家伙是超级温和的轻量级草食动物。

👁 **你注意到了吗:** 他们长着长长的脖子，可以够到树木或灌木高处的叶子。长长的尾巴能帮助他们保持平衡，不易摔倒。

★ **趣味事实:** 他们拉丁学名的意思是"毒蜥蜴"，但这些家伙完全无毒无害，这个学名来源于他们所生活的北美地区。*

*毒瘾龙的化石发现于美国犹他州的雪松山组的"Poison Strip"段。"Poison"意为"毒药"。——译者注

⑳ 素食狩猎

测试你的素食狩猎技能。你能找出全部 6 个隐藏单词吗?

银杏（GINKGO）蕨类（FERN）松杉（CONIFER）
沙拉（SALAD）带刺的（SPIKY）水嫩的（JUICY）

L	A	D	A	T	C	B	U
G	I	N	K	G	O	F	J
S	O	H	S	O	N	H	U
A	E	B	F	L	I	B	I
L	G	D	E	R	F	A	C
A	V	L	R	S	E	O	Y
D	E	U	N	Z	R	C	O
L	S	P	I	K	Y	S	T

房屋 & 房产

看进来······

上一期我们成功报道了费尔干纳龙范妮在中亚树林里的家，那里到处是蕨类植物。本期我们很高兴受邀参观翼手龙普特里和普坦雅的洞穴之家。

普特里和普坦雅舒适的洞穴位于岩层露头上，站在此处眺望远方，蓝色的海洋和茂密的树林尽收眼底。"看着太阳落到地平线以下的感觉真是太棒了，"普坦雅微笑着说道，"普特里在橙色的天空下潜入水中捕鱼真是壮观极了。"

尴尬

于是我们问，翼手龙对家究竟有什么要求呢？"我能打断一下吗？"普特里抱歉地说道，"大家叫我们'Pterydactyls'，省略掉'u'，可是，我们其实是'Pterydactylus'。这只是个小问题，但对我们很重要。虽然我们接受了采访，但不要称呼我们为'恐龙'。我们其实是一种会飞的爬行动物，不是恐龙。所以，在接受采访前，先说清楚这个问题。"我们赶紧道歉。经历了短暂的尴尬，普特里开始正式回答我们的问题。

鱼晚餐

"是这样，我们一般住在海边。"他解释道，"我们很喜欢捕鱼。我们还会飞，可以飞到诸如此地一样的悬崖高处。这些地方靠步行是

无法到达的，这样我们就不用担心掠食者了。"

普坦雅带我们深入洞穴，骄傲地向我们展示她收藏的鱼骨，当然还有他们的安乐窝，两个小家伙正在里面吵着要吃的。她满怀爱意地把饭吐到他们的嘴里。

孩子们

"普特蕾莎已经两岁了，"她指着梳理羽毛的大女儿骄傲地说道，"她最近才学习飞行。普托姆是我的心肝宝贝，他还要再过几年才能飞离这个家。"

最后，我们满怀敬意地看了看这个陡峭、阴湿的洞穴，然后迎着阳光走了出去，向他们道别。很难想象，还有比翼手龙的家更温馨、更舒适的地方了。期待不久的将来，我们能再次拜访这里！

㉑ 知识测试！

阅读前面的内容，判断以下说法是否正确：

1. 费尔干纳龙生活在沙漠中。

2. 翼手龙是草食动物。

3. 翼手龙通常生活在海边的洞穴里。

4. 生活在白垩纪晚期的哈特兹哥翼龙体形非常小。

树屋风潮

不可否认，白垩纪时期，地球的树木急剧增加……

我们那些体形较小、在树枝上安家的恐龙有了新的食物、新的栖息地，以及新的遮风避雨之所。

当然，树木已经存在了很长时间，但逐渐湿润炎热的气候为树木创造了理想的生长条件，树木品种也变得多种多样。那么，树木究竟有什么好处呢？

"是这样，"一头年轻小盗龙答道，"树木很适合用来观察周围的动静，保护自己不受掠食者攻击，同时能让我们欣赏到迷人的风景。树木也是晒太阳打盹的好地方！"这头小盗龙已经长出了弯曲的爪子和双脚，能让他在攀爬陡峭的树干时得心应手。

有这些好处加持，树木似乎正成为热门房产。今天就去附近找棵好树吧！

昨天，一头年轻的棱齿龙试住了一棵树。

> **22** 小普特蕾莎进行了一些飞行练习，现在她又找不到回家的路了！她的妈妈现在很着急，你能帮她回到她妈妈身边吗？

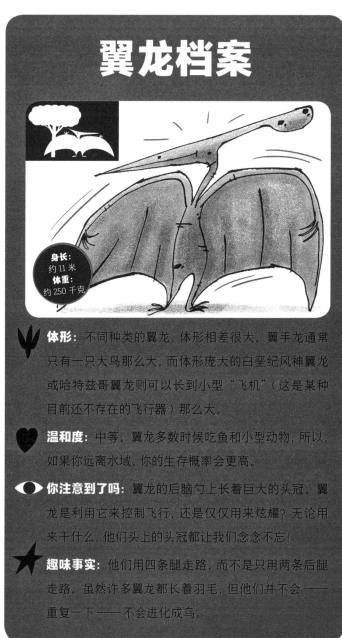

翼龙档案

身长： 约11米
体重： 约250千克

体形： 不同种类的翼龙，体形相差很大。翼手龙通常只有一只大鸟那么大，而体形庞大的白垩纪风神翼龙或哈特兹哥翼龙则可以长到小型"飞机"（这是某种目前还不存在的飞行器）那么大。

温和度： 中等。翼龙多数时候吃鱼和小型动物，所以，如果你远离水域，你的生存概率会更高。

你注意到了吗： 翼龙的后脑勺上长着巨大的头冠。翼龙是利用它来控制飞行，还是仅仅用来炫耀？无论用来干什么，他们头上的头冠都让我们念念不忘！

趣味事实： 他们用四条腿走路，而不是只用两条后腿走路。虽然许多翼龙都长着羽毛，但他们并不会——重复一下——不会进化成鸟。

体育

赛季 到来！

来自甲龙 安迪的报道

史前运动会是史前时期最受欢迎的盛会，汇集了最大和最棒的恐龙。

史前运动会吸引了泛大陆的不同动物。我们可以趁机见识一下最庞大恐龙和非恐龙的原始兽力，并被他们的智慧（或愚蠢）所折服，并且有机会在重爪龙巴里的流动鱼吧品尝一下美味的口水酱。当然，巴里不会因为我这么说就赏我一个免费汉堡。

甲龙安迪将在本次报道中盘点此次千年盛会上的热门参赛者，并与赢家——还有输家——进行交流。

超级力量

获得植物摧残赛的冠军后，禽龙伊恩骄傲地朝他的妈妈竖起了大拇指——不过，话说回来，他的大拇指总是朝上的。在这场大赛中，参赛的草食动物需要在最短时间内夷平一片灌木丛和小树林。伊恩不到一分钟就完成了任务。干得漂亮，伊恩！

23 连点作画

将编号 1—78 的这几十个点连起来，画出套环比赛（相关报道在后面）的冠军。别翻到后面作弊！

惊天一游

恭喜鱼龙伊基。身为海洋爬行动物的他在非恐龙游泳比赛中拔得头筹。伊基在比赛中与其他一流非恐龙游泳健将展开了激烈角逐，包括牙齿突出的硬齿鱼和牙齿更突出的矛齿鱼（因为他的大尖牙，他的朋友都称他为"剑齿鲱"）。看看伊基那流线型的身体、尾巴和鳍状肢，你可能会误认为鱼龙是一种史前鱼类。鱼龙看起来很像鱼类，但其实有肺，需要时不时跳出水面呼吸。"没错，"当我们追上伊基采访他时，他喘着粗气说道，"但这次我不停地跳出水面是因为那些家伙一直在咬我尾巴。为了甩掉他们，我这辈子还没游得这么快过！"好吧，不管为了什么，伊基赢得了最高奖励，恭喜！

狡猾的梁龙？

梁龙丹尼这样体形较大的蜥脚类恐龙今年再度获准参加百米赛跑，此事又一次引发了大伙儿的不满。"太可笑了！"一头小伶盗龙咆哮道，"我们跑得很快，但跟这种体形的野蛮家伙一起比赛，我们一点机会也没有！我们身长只有1米，他们差不多有40米！他们只要随便往前迈几步就赢了！"专家们认为，一些蜥脚类恐龙的大脑非常小，他们并不能一直意识到自己是在比赛，这对其他参赛者来说是公平的。但是，田径委员会已经同意再次讨论这个问题。

24

奖牌配对

看看你能否将这些相同的奖牌正确配对。它们都是史前运动会的完美复制品！

翻页浏览更多赛事结果！

套环比赛英雄！

三角龙托尼一踏入赛场，空气便凝固起来，气氛也变得紧张。托尼参加的是一项最令人期待的比赛：套环。

这项赛事不仅考验选手的敏捷性和准确性，对选手的耐力也是极大的挑战。为了打破白垩纪选手多刺甲龙波莉一次套 14 个环的纪录，选手们有时会连续比赛好几天。

"公平地说，"一名观众说道，"波莉有个优势——她至少有 14 根刺来接环，而托尼只有 3 根刺。不管怎样，我听说……"这名观众正说着，另一名观众朝他嘘了一声，示意他安静，因为比赛即将开始。场地里传来一声吼叫，比赛正式开始。托尼低下头去接投出的第一组环。目睹这个状况，这名观众怕是又要老生常谈了：在这场白垩纪时期的运动会里，波莉根本就不用和其他选手比试，比赛对她来说就像排队买零食那么简单。

一向温顺的草食动物三角龙托尼今晚一定会懊恼地用头去撞树（尽管详情我们不会很清楚），因为他只差一个环就能打破波莉的纪录。干得不错，托尼，祝你下次好运！

多刺甲龙波莉，白垩纪时期套环比赛的传奇赢家。

三角龙托尼放低他的角，为第一组套环做准备。他最后接住了 13 个环。

25 涂色比赛

给这幅画涂色，让长着彩虹色羽毛的伶盗龙流光溢彩！

重爪巴里鱼吧

额外附送口水酱

史前运动会特别优惠!
出示一张比赛门票就能获得
10 块鹅卵石优惠。

其他体育新闻

我们对斑龙马克表示同情,他被取消了 400 米跑的参赛资格。他跑得快,但却跑错了方向。

往这边跑

据报道,裁判的决定让马克"很不爽"。

26

快速测试

通过这个快速测试来看看你
对这次千年体育盛会的了解程度:

1. 鱼龙是一种大型鱼类,对还是错?

....

2. 在史前运动会上,多刺甲龙波莉用她的刺套住
了多少个环?

....

3. 三角龙托尼是肉食动物,对还是错?

....

4. 成年蜥脚类恐龙身长可达多少米?
A)25 米　　　B)75 米　　　C)40 米

....

禽龙档案

身长: 约 10 米
体重: 约 8000 千克

▼ **体形:** 不是很大,但他 10 米的身长和 8 吨的体重也非常可观了。你绝对不想让他在你身上打滚。

♥ **温和度:** 高。作为草食动物,禽龙会啃咬高大的树木,而不会咬霸王龙。

◉ **你注意到了吗:** 他那个尖利的大拇指。那是干吗用的?没人确切知道。是用它来戳掠食者的眼睛,还是划开坚韧的叶子?谁也说不准。

★ **趣味事实:** 禽龙大部分时间都是四肢着地,但他也可以直立起来,用后腿奔跑。好吧,这算是"相当有趣的事实"吧。

测试答案

那些测试你做得如何？你有没有把刻在石头上的答案寄过来参赛？如果你寄过来了，可以对照一下下面的正确答案。如果你还没有寄答案，呃……就不要照抄这些答案了，好吗？

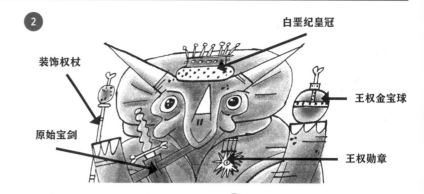

白垩纪皇冠
装饰权杖
王权金宝球
原始宝剑
王权勋章

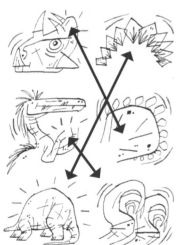

NUR RFO RUOY VLISE!!!

RUN FOR YOUR LIVES!!!

智力测试！

看看你能答对几道题：

对 或 **错**？

1. 上龙是大型鱼类。

   错——爬行动物。

2. 大地懒来自南非。

   错——南美。

3. 上龙体重超过 100000 千克。

   错——40000 千克。

4. 泰坦蟒生活在森林里。

   错——热带沼泽。

5. 恐象只吃植物。

   对！

6. 恐象名字的意思是"可怕的气息"。

   错——意思是"可怕的哺乳动物"。

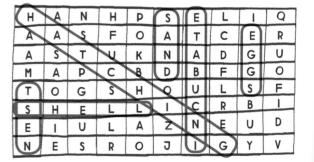

16

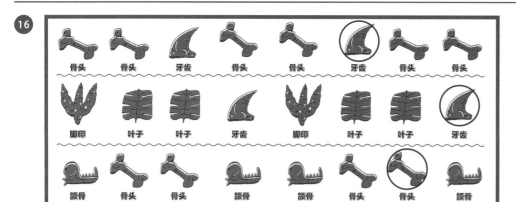

骨头	骨头	牙齿	骨头	骨头	牙齿	骨头	骨头
脚印	叶子	叶子	牙齿	脚印	叶子	叶子	牙齿
颌骨	骨头	骨头	颌骨	颌骨	骨头	骨头	颌骨

19

银杏	银杏	蕨类	银杏	银杏	蕨类
松杉	银杏	松杉	银杏	松杉	银杏
银杏	松杉	松杉	银杏	松杉	松杉

20

L	A	D	A	T	C	B	U
G	I	N	K	G	O	F	J
S	O	H	S	O	N	H	U
A	E	B	F	L	I	B	I
L	G	D	E	R	F	A	C
A	V	L	R	S	E	O	Y
D	E	U	N	Z	R	Y	O
L	S	P	I	K	Y	S	T

21

知识测试！

阅读前面的内容，判断以下说法是否正确：

1. 费尔干纳龙生活在沙漠中。

   错——他们生活在中亚的树林里。

2. 翼手龙是草食动物

   错——他们吃鱼

3. 翼手龙通常生活在海边的洞穴里。

   对！

4. 生活在白垩纪晚期的哈特兹哥翼龙体形非常小

   错——他们能长到一架小飞机那么大

18

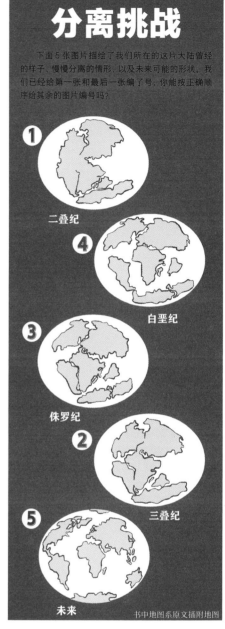

分离挑战

下面 5 张图片描绘了我们所在的这片大陆曾经的样子、慢慢分离的情形，以及未来可能的形状。我们已经给第一张和最后一张编了号，你能按正确顺序给其余的图片编号吗？

1 二叠纪

4 白垩纪

3 侏罗纪

2 三叠纪

5 未来

书中地图系原文插附地图

23

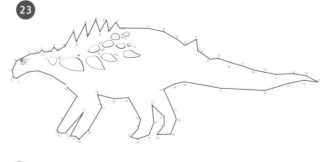

22

24

26

快速测试

通过这个快速测试来看看你对这次千年体育盛会的了解程度：

1. 鱼龙是一种大型鱼类，对还是错？

   错——是海洋爬行动物。

2. 在史前运动会上，多刺甲龙波莉用她的刺套住了多少个环？

   14

3. 三角龙托尼是肉食动物，对还是错？

   错——是草食动物。

4. 成年蜥脚类恐龙身长可达多少米？
   A）25 米　B）75 米　C）40 米

   C

史前概述

不知道什么是白垩纪？认不出重爪龙？不得不说，想要弄清楚哪种恐龙生活在哪个时期极具挑战性……所以，我们做了这个实用小指南来帮助你！只需记住，"MYA"代表"百万年前"。

恐龙

棘甲龙 "带刺的鳞片"
生活时期：115—91MYA（白垩纪早期）

异特龙 "另类蜥蜴"
生活时期：156—144 MYA（侏罗纪晚期）

甲龙 "坚固的蜥蜴"
生活时期：74—67MYA（白垩纪晚期）

阿根廷龙 "阿根廷蜥蜴"
生活时期：约90MYA（白垩纪晚期）

重爪龙 "沉重的爪子"
生活时期：约125MYA（白垩纪早期）

鲸龙 "鲸蜥蜴"
生活时期：170—160MYA（侏罗纪中期）

恐手龙 "可怕的手"
生活时期：120—110MYA（白垩纪早期）

梁龙 "双重梁"
生活时期：155—145MYA（侏罗纪晚期）

费尔干纳龙 "费尔干纳谷地的蜥蜴"
生活时期：166—157MYA（侏罗纪中期）

鸭嘴龙 "大蜥蜴"
生活时期：78—74MYA（白垩纪晚期）

棱齿龙 "棱状牙齿"
生活时期：约125MYA（白垩纪早期）

禽龙 "鬣蜥牙齿"
生活时期：140—110MYA（白垩纪早期）

水龙兽 "铲子蜥蜴"
生活时期：250MYA（三叠纪早期）

小盗龙 "小盗贼"
生活时期：125—122MYA（白垩纪早期）

鸟鳄 "小鸟鳄鱼"
生活时期：约230MYA（三叠纪晚期）

肿头龙 "头很厚的蜥蜴"
生活时期：76—65MYA（白垩纪晚期）

多刺甲龙 "很多刺"
生活时期：约125MYA（白垩纪早期）

原角龙 "第一张有角的脸"
生活时期：85—80MYA（白垩纪晚期）

皇家角龙 "皇家有角的脸"
生活时期：约68MYA（白垩纪晚期）

棱背龙 "有四肢的蜥蜴"
生活时期：208—194MYA（三叠纪晚期至侏罗纪早期）

棘龙 "有棘的蜥蜴"
生活时期：95—70MYA（白垩纪晚期）

剑龙 "带顶的蜥蜴"
生活时期：156—144MYA（侏罗纪晚期）

三角龙 "有三个角的脸"
生活时期：约68MYA（白垩纪晚期）

霸王龙 "暴君蜥蜴"
生活时期：约70MYA（白垩纪晚期）

伶盗龙 "敏捷的盗贼"
生活时期：75—71MYA（白垩纪晚期）

毒瘾龙 "毒蜥蜴"
生活时期：125—112MYA（白垩纪早期）

非恐龙

恐象 "可怕的哺乳动物"
生活时期：11—1MYA（中新世至更新世）

矛齿鱼 "矛一样的牙齿"
生活时期：90—50MYA（白垩纪晚期至始新世早期）

鱼龙 "鱼蜥蜴"
生活时期：250—95MYA（三叠纪早期至白垩纪晚期）

硬齿鱼 "顽强地存在"
生活时期：168—3.6MYA（侏罗纪中期至上新世晚期）

莫尼西鼠 "化石鼠"
生活时期：4—2MYA（上新世）

大地懒 "巨型野兽"
生活时期：5MYA—10000年前（上新世至全新世）

蛇颈龙 "几乎就是蜥蜴"
生活时期：215—80MYA（三叠纪晚期至白垩纪晚期）

上龙 "体形较大的蜥蜴"
生活时期：150—145MYA（侏罗纪晚期）

翼龙 "有翅膀的蜥蜴"
包括风神翼龙、哈特兹哥翼龙、翼手龙
生活时期：228—66MYA（三叠纪晚期至白垩纪晚期）

帝鳄 "肌肉鳄鱼"
生活时期：约112MYA（白垩纪早期）

斯克列罗龙 "硬蜥蜴"
生活时期：约217MYA（三叠纪晚期）

泰坦蟒 "巨蟒"
生活时期：60—58MYA（古新世）

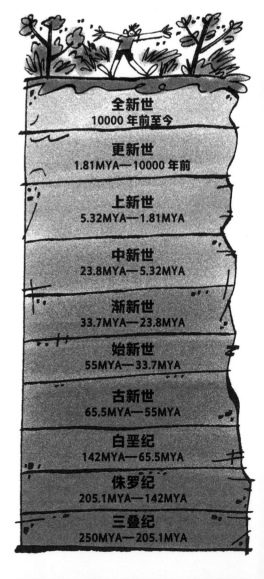

全新世
10000年前至今

更新世
1.81MYA—10000年前

上新世
5.32MYA—1.81MYA

中新世
23.8MYA—5.32MYA

渐新世
33.7MYA—23.8MYA

始新世
55MYA—33.7MYA

古新世
65.5MYA—55MYA

白垩纪
142MYA—65.5MYA

侏罗纪
205.1MYA—142MYA

三叠纪
250MYA—205.1MYA

索 引

恐 龙 伙 伴 们！

我们的新报纸
出版适逢千年
之期……

本期看点

异特龙攻击：
你家附近受影响了吗？

**给 18 头原角龙当妈
是什么感觉？**

**天上掉下来的大石头
是怎么回事？**

翻开报纸寻找答案吧！

精彩文章，可怕真相，趣味活动，尽在其中！

陈列建议：自然、科普

ISBN 978-7-5596-5959-0

关注浪花朵朵
见识充满奇趣色彩的动物王国

定价：118.00元（全三册）

9 787559 659590

动物记者大揭秘

 浪花朵朵

全三册

物 王 国 最 精 彩 的 报 纸

斯特拉·格尼 著
马修·霍德森
尼夫·帕克 绘
爱德华·威尔逊
雨 译

② 陆 地 时 报

北京联合出版公司
Beijing United Publishing Co.,Ltd.

趣味专题
读不停！

食腐动物狩猎

为什么新鲜食物
有时并非最佳选择

超级迷宫！

不完的新闻

骆驼，
你相信吗？

驼峰里的秘密

戏与测试

力测试——

像黑猩猩一样聪明
像水母一样没头脑？

 NATURAL HISTORY MUSEUM

动物记者大揭秘

浪花朵朵

[英]斯特拉·格尼 著　　[英]马修·霍德森　[英]尼夫·帕克　[英]爱德华·威尔逊 绘　　尹楠 译

全三册

② 陆 地 时 报

北京联合出版公司
Beijing United Publishing Co.,Ltd.

图书在版编目（CIP）数据

动物记者大揭秘：全三册 /（英）斯特拉·格尼著；
(英) 马修·霍德森,（英）尼夫·帕克,（英）爱德华·
威尔逊绘；尹楠译. -- 北京：北京联合出版公司，
2022.5

ISBN 978-7-5596-5959-0

Ⅰ.①动… Ⅱ.①斯… ②马… ③尼… ④爱… ⑤尹
… Ⅲ.①动物—儿童读物 Ⅳ.①Q95-49

中国版本图书馆CIP数据核字(2022)第023901号

The Zoological Times

First published in 2018 by Frances Lincoln Children's Books, an imprint of The Quarto Group.

Text and illustrations © The Quarto Group 2018

Photographs © The Trustees of the Natural History Museum, London 2018

Copyright © 2018 Quarto Publishing Plc

Simplified Chinese edition copyright © 2021 Ginkgo (Beijing) Book Co., Ltd.

All rights reserved.

本书简体中文版权归属于银杏树下（北京）图书有限责任公司。

北京市版权局著作权合同登记　图字：01-2022-1130

审图号：GS（2021）6785号　GS（2021）5329号

动物记者大揭秘（全三册）②

作　　者：[英]斯特拉·格尼　　　　　绘　　者：[英]马修·霍德森　[英]尼夫·帕克　[英]爱德华·威尔逊
译　　者：尹楠　　　　　　　　　　　出 品 人：赵红仕
选题策划：北京浪花朵朵文化传播有限公司　出版统筹：吴兴元
编辑统筹：杨建国　　　　　　　　　　责任编辑：徐　鹏
特约编辑：秦宏伟　　　　　　　　　　营销推广：ONEBOOK
装帧制造：墨白空间·王茜　　　　　　排　　版：赵昕玥

北京联合出版公司出版
（北京市西城区德外大街83号楼9层　100088）
北京利丰雅高长城印刷有限公司　新华书店经销
字数180千字　889毫米×1220毫米　1/16　6.75印张
2022年5月第1版　2022年5月第1次印刷
ISBN 978-7-5596-5959-0
定价：118.00元（全三册）

读者服务：reader@hinabook.com 188-1142-1266
投稿服务：onebook@hinabook.com 133-6631-2326
直销服务：buy@hinabook.com 133-6657-3072
官方微博：@浪花朵朵童书

后浪出版咨询（北京）有限责任公司　版权所有，侵权必究
投诉信箱：copyright@hinabook.com　fawu@hinabook.com
未经许可，不得以任何方式复制或者抄袭本书部分或全部内容
本书若有印、装质量问题，请与本公司联系调换，电话010-64072833

编者寄语

亲爱的读者，欢迎阅读最新一期《陆地时报》。本期照例包含新闻、采访、专题报道，还有很多的美味——如果你喜欢吃纸的话（我正盯着你们呢，蟑螂和书虱们）！我们的星球正处在困难时期，所以本期我们将重点关注地球变暖给动物王国造成的威胁。

动物王国非常大，我们彼此相差也很大，但无论我们生活在陆地还是水里，无论我们在空中飞翔还是在地下挖洞，我们都知道保护我们生活的世界是多么重要。有时候我们还需要提醒一下人类这群哺乳动物，自从发现火之后，他们除了惹麻烦，一无是处——当然，现在的情况并不都是糟糕的。去看看动物奥林匹克运动会的盛况，向世界领先的狮子发型师学习鬃毛保养技巧，试试测试脑力的填字游戏——除非你是没有大脑的海绵动物。但首先，翻到第32页，先弄清楚你自己究竟是哪种动物，怎么样？

祝你读得开心！

指猴艾琳，编辑

伯劳鸟烤串店

毫无疑问，这是你家附近最好的烤串店！

伯劳鸟萨姆会亲自捕捉你挑选的昆虫、小型哺乳动物或爬行动物，并把它们扎在离他最近的棘刺或树枝上，供你随意选取享用。

特色菜：篱雀肉串、蛇肉串、麻雀肉串。

来伯劳鸟烤串店吧，你会爱上他做的肉串！

目 录

全球变暖，原因揭晓

有关全球变暖原因的新证据已经浮出水面。毫无疑问，世界正变得越来越热。也许你会想："哇，太好了，我可以好好享受日光浴了。"但是，相信我们，这可不是什么好事儿。冰川消融，沙漠扩大，我们的动物同胞们正在受罪。

宠物侦探

一段时间以来，大家怀疑全球变暖是由人类造成的，因为只有他们掌握了生火的秘诀。来自世界各地的报告证实了这一点。提供报告的叫"宠物"，他们是与人类一起生活的动物。来自英国的宠物斯努库姆斯表示："我承认，我喜欢在火边打瞌睡。但哪怕是夏天，我的主人也会给房子供暖，还开着窗户！"来自美国的宠物迪敦斯声称："我的主人每天开车接孩子放学，等孩子的时候从不熄火。换作是我，宁愿走路——坦白说，我的主人完全可以走路去接孩子！"

震惊

然而，报告还声称，很多人清楚自己是导致全球变暖的罪魁祸首，却无所作为。鸽子们声称人类的报纸上充斥着所谓"环

看报纸的鸽子对环境危机感到恐慌。

> **"但哪怕是夏天，我的主人也会给房子供暖，还开着窗户！"**

境危机"的新闻。动物委员会主席大象伊莱也表示："很多人似乎根本不在乎全球变暖，他们不认为他们有错，坚持地球只是自然升温而已。不管怎样，人类真的应该解决这个问题了。不然的话，不但我们受害，他们也会遭罪。"

失去光彩？

羽毛褪色？

火烈鸟：你吃什么，你就是什么！你羽毛上的红色、粉色、深橙色来自你午餐时咀嚼的软体动物和甲壳动物身体里的化学物质。一旦吃不到这些动物，你的羽毛就会变得黯淡无光。如果这个问题正困扰着你，别犹豫了，你需要：

"粉色力量"！

这种新式营养补充剂能立即让你容光焕发。

粉色力量：让你乐得满脸粉红！

 # 骆驼有驼峰

野生骆驼几乎快要灭绝了，不过这世上还有不少被人类驯化的骆驼——他们对人类还有用处。几千年来，骆驼为人类驮送重物，换取人类提供的食物和水。野生双峰驼（有两个驼峰的野生骆驼）目前只剩下1000头，野生单峰驼（只有一个驼峰的野生骆驼）则完全灭绝——尽管野化无主的骆驼（指驯化后又逃脱的骆驼）有许多，但他们都不是野生的。而驯养的骆驼为数众多，世界各地随处可见。我们问了双峰驼巴里一个大家都很好奇的问题："驼峰里装着什么？"巴里气呼呼地回答道："是一堆脂肪，我饿的时候用得上，不关你的事！"

薄冰上的北极熊

全球变暖，冰雪融化。温度越来越高，北极的冰越来越少，这对生活在那里的北极熊意味着什么？北极熊帕姆向我们吐露了心声。

北极熊：远远没有过去那么开心了。

帕姆讲述道："冬天，我们会在冰面上捕猎海豹，但现在海豹没那么多了。浮冰存在的时间也不像从前那么长了，即使有浮冰，海豹数量也没有从前多。所以现在我们必须游得更久才能到达另一块浮冰。去年，我的表妹游了整整 9 天才找到一块浮冰，差一点她就找不到了呢。我们没以前那么壮了，孩子也没以前那么多了。我不知道我们以后会怎样。"好在情况不至于太糟。如果人类更多地利用可持续能源，比如风能、太阳能，减少使用化石燃料，更多地回收利用废品，地球变暖的趋势就能被遏制。所以，请你今天好好劝劝你身边的人类吧！

测试角

测试时间到！完成每一页的谜题和游戏，通过信鸽传送答案，为你和你的家人赢取一年的免费食物！*

* 只要你爱吃蚜虫

眼镜猴档案

身长：
9.5-14 厘米
体重：
102-130 克

👁 **外貌：** 从外表上看，眼镜猴的脸就像由皮毛包围的两颗棕色弹珠。他们的眼睛非常大，十分可爱！

✛ **栖息地：** 在东南亚的岛屿和雨林中，如果你想找眼镜猴，那就向上看——你会看到他们正死死抓住树枝不放。

🍎 **饮食：** 眼镜猴是唯一一种纯肉食灵长类动物。他们吃鸟、昆虫、青蛙……手能抓到什么，他们就吃什么。这么看，眼镜猴没那么可爱了吧？

❤ **生存状况：** 濒临灭绝！眼镜猴生活的树林正遭受砍伐，他们正面临严重的灭绝危机。

◑ **习性：** 夜晚捕猎时最为活跃。巨大的眼睛和出色的听力能让他们轻松地发现猎物。

❓ **趣味事实：** 眼镜猴的脑袋可以旋转 180 度看到身后的东西。太神奇了！

河马档案

身长：
3~5 米
体重：
1400~
4500 千克

👁 **外貌**：河马的口鼻部又大又硬，耳朵小小的，肚子圆圆的，看上去很温顺，还有点蠢笨。河马的体形十分巨大，是陆地上第三大哺乳动物，仅次于犀牛和大象。

✛ **栖息地**：撒哈拉沙漠以南的非洲国家。河马需要在水里待很长时间，不然皮肤会干裂，所以河马通常生活在有河流和湖泊的地区。

🍎 **饮食**：以草为主。事实上，河马一晚上就可以吃 35 千克草，大约相当于一个 10 岁人类小孩的体重。

❤ **生存状况**：濒危。人类正逐渐将河马赶出他们的栖息地。有人甚至以捕猎河马为食。

☯ **习性**：脾气暴躁！河马并不温顺也不蠢笨，而是极度危险的动物。平均每年有 3000 人被河马杀死——相比之下，平均每年只有 5 人被鲨鱼杀死。不过，河马是素食动物，至少他们不会在杀死你之后再把你吃掉。河马白天在水里栖息，晚上出来觅食。

❓ **趣味事实**：河马大部分时间生活在水里，却不会游泳或漂浮。他们只是站在水底。如果你看到河马张开嘴，赶紧跑吧——他们可不是在打哈欠，而是准备发动攻击。

1

找出那只奇怪的瓢虫

这些瓢虫里有一只和其他的不一样。你能把他找出来吗？

"我们不是鱼！"
外表像鱼的动物的抗议

愤怒的鲸鱼和海豚昨天聚集在动物委员会门外抗议，因为大家将他们与鱼类混为一谈。"我们是哺乳动物，我们为自己是哺乳动物而自豪。"海豚丹尼斯解释道，"我们和那些备受关注的毛茸茸动物是同类——比如狮子、猪、人类。"

> "我们是哺乳动物，我们为自己是哺乳动物而自豪。我们和那些备受关注的毛茸茸动物是同类。"

不产卵

"我们有脊柱，我们的血是温热的，我们产下的是活生生的幼崽，不是卵。他们还想要什么证据？"鲸鱼威尔玛抗议道，她的身体完全堵住了委员会大楼的入口，"大家都知道鱼是冷血动物，而且他们产卵，数量还很多！他们跟我们一点也不像！大家总是把我们和他们搞混，我们受够了！"

爬虫

就连一群蜘蛛、螃蟹、蜈蚣、马陆也在海洋哺乳动物的抗议行列中。

马陆迈拉指出，"我们都属于节肢动物这个大的门类，那边那只叫克蕾西达的螃蟹，也和我们有亲缘关系。她是甲壳纲动物。是不是啊，克蕾西达？等等，她到哪儿去了？"克蕾西达没有回答，因为一只火烈鸟正在吃她。

鸟类

"我们挺幸运的，"火烈鸟法蒂玛咀嚼了几个抗议的动物之后自言自语道，"大家都认得出鸟。有翅膀、羽毛、脊柱等。爬行动物也很幸运，每个人都认得出蜥蜴这种两栖动物。大家都清楚自己与青蛙的关系。像蜗牛这样黏糊糊的、谁也搞不清自己与他们关系的动物，就比较难办了。我敢打赌，没多少动物会邀请蜗牛参加聚会。"

昨天，一群火烈鸟吃完几名抗议者后聚在一起闲聊。

> "请记住，无论我们是哪种动物，我们都有亲缘关系。"

"我们非常清楚鲸鱼和海豚的感受。"狼蛛塔拉表示，"大家总是把我们和昆虫搞混。其实弄清楚真的不难啊。没错，我们和他们都是无脊椎动物，都没有脊柱，身体都分成几节。但是昆虫有 6 条腿，而蜘蛛有 8 条腿。"

"不过，我们和他们是近亲。"

谁也搞不清自己与他们关系的动物，就比较难办了。我敢打赌，没多少动物会邀请蜗牛参加聚会。"

"我们受邀参加过很多聚会！"蜗牛西比尔愤怒地反驳道（没有什么比一只愤怒的蜗牛更糟糕的了），"我是软体动物家族的一员。蛞蝓总是请我去喝茶，乌贼和章鱼总是请我去水下跳迪斯科。但我不会去那些地方，因为会被淹死。"

就在这时，大象伊莱从大楼里挤了出来，把争吵不休的动物们分开。他说道："请记住，无论我们是哪种动物，我们都有亲缘关系。"

❷ 这是谁？

这种动物在前面的文章里提到过，但他是谁呢？把点连起来，找出答案吧！

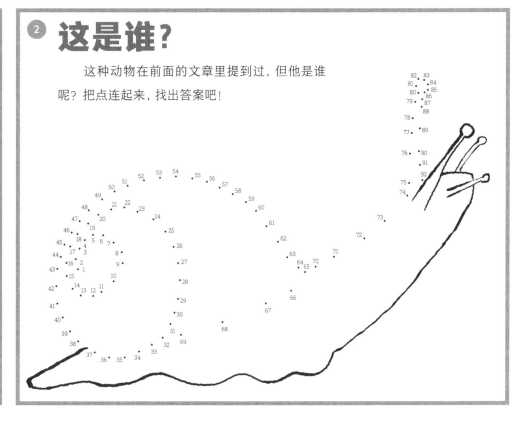

鼻青脸肿的新闻！

"滚开！"长颈鹿叫道。

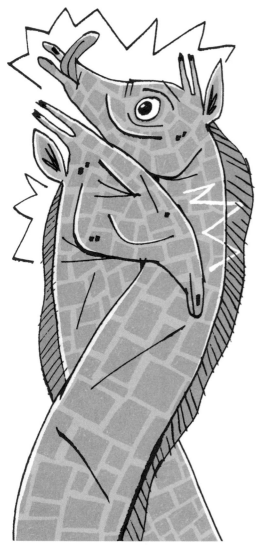

长颈鹿长着哀伤的大眼，纤细的长腿。可是，一旦情绪失控，他们就变得非常凶。上周三，在非洲中部乍得的大草原上，长颈鹿杰里和杰夫扭打在一起，他俩的情绪就明显失控了。至于原因？只是想证明谁才是最强大的长颈鹿。请看本报记者发来的详细报道。

后腿

"杰里一出现，我们就知道有麻烦了。"目击者杰曼回忆道，"杰夫正在啃食树叶，杰里悄悄走过去，用后腿猛蹬了杰夫。杰夫踉跄了一下，但他没打算后退，也绝不可能后退。他朝杰里抡起了脖子，但杰里的年龄比杰夫小，速度比杰夫快。杰夫可能会想：'这小东西也太放肆了，你算老几啊？'一开始我们也这么想，但是杰里很快就让我们知道谁才是老大。你们千万别在黑夜碰到他啊。"

来历不明

"杰里不知是从哪儿冒出来的。他就像个独行侠！"一名年轻的目击者笑着说道，"他过去一直在大草原独自生活，和许多大草原上非长颈鹿类的'雄兽'一样独来独往。不过杰里肯定已经下定决心加入长颈鹿的族群了，他必须先把杰夫赶走！"

"砰"

打斗持续了大约10分钟，两只长颈鹿都用脖子猛烈地撞击对方。他们各自把脖子甩到一边，再撞向对方，撞得砰砰作响，尘土飞扬。最后的打斗结果出乎大家的意料。

> "通常两头长颈鹿打架，其中一头会退缩。"

震惊

"通常两头长颈鹿打架，其中一头会退缩。"目击者杰曼回忆道，"但这两头长颈鹿没有。他们缠斗了很久，你来我往，直到可怜的老杰夫筋疲力尽，瘫倒在地。杰夫恢复后，在落日的余晖下一瘸一拐地离开。他要独自在草原上生活一段时间了。只要有杰里在的地方，杰夫就无法在那里现身。"

父亲为保护儿子
与掠食者对峙

谢天谢地，驯鹿雷吉有一对厉害的鹿角！

前几天，在挪威边境，一头棕熊准备攻击雷吉的孩子理查德，雷吉的鹿角旋即派上了用场。当时雷吉反应迅速，立刻冲到棕熊和理查德之间，压低鹿角，呼呼喷气，不停跺脚，试图把熊赶走。谢天谢地，雷吉迅速的反应发挥了作用——他让自己看起来非常可怕。棕熊因此改变了主意，随即走开。干得漂亮，雷吉！

"我当时也没有多想，反正谁都不能伤害我的理查德。他那张小脸太可爱了。"

❸ 迷你迷宫

帮助驯鹿雷吉穿过冷杉林，找到他的孩子。

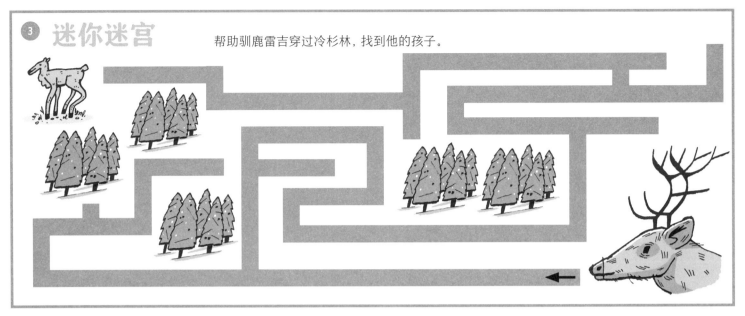

蜜獾档案

身长：
55~77 厘米
体重：
5~16 千克

👁 **外貌：** 有点像獾，但牙齿更吓人。因为背上长着白色条纹而被称为獾，尽管实际上与鼬的亲缘关系更近。

✛ **栖息地：** 非洲、印度和西亚地区的草原、山地、森林和沙漠。

🍎 **饮食：** 这些家伙会为了蜂蜜突袭蜂巢，不在乎被蜜蜂蜇。他们还吃鸟蛋、浆果和许多比他们小的动物，如鼠、蛙、鸟、蛇（甚至是毒蛇）。

🖤 **生存状况：** 不错。这些小家伙非常坚强，他们的天敌也很少。这么好的生存状况，真的是他们自己的功劳。

习性： 凶悍。蜜獾会对任何东西发起攻击。马？不怕。狮子？放马过来。大野牛？正面对决。

❓ **趣味事实：** 闻起来有点恶心。蜜獾和臭鼬一样会分泌一种恶臭体液。这种体液的气味让所有动物"难以忍受"，蜜蜂都会被熏晕。蜜獾会趁蜜蜂还没恢复的时候偷走所有蜂蜜。

❹ 这是谁?

把下面的点按顺序连起来，找出答案!

最后……

上周四，一群胆大妄为的鬣狗把狮子伦纳德、莱斯利和拉马尔杀了个措手不及。鬣狗没有在四周徘徊，等待狮子们享用完猎物（一头成年野牛），而是主动发起攻击，逼近狮子，撕咬他们的尾巴。这三头狮子都很年轻，缺乏经验，看起来被吓坏了，而这正好给鬣狗壮了胆。他们发出刺耳的嚎叫，召唤了更多的同类。狮子们寡不敌众，最终只能逃跑，把猎物留给鬣狗。当被要求就此事发表评论时，狮群首领莱尼表示："这种事情从没在我身上发生过！那些年轻的狮子应该为此感到羞耻！等着瞧吧，我要用我的爪子狠狠教训那群嗷嗷嚎叫的小混蛋！"

其他新闻

你在开玩笑吧?

山羊躲过山体滑坡

野山羊伊德里斯说,昨天他站立的地方发生了崩塌,所幸他活了下来。野山羊是一种山地羊,以高超的爬山技巧而闻名。他们生活在欧洲陡峭的高山上,经常攀爬悬崖峭壁,可以一跃3米多高,跳到最近的岩石突起或落点上。所以,野山羊伊德里斯发现自己脚下在打滑的时候完全惊呆了!"以前从没发生过这种事,"他说道,"我的蹄脚非常适合攀爬。蹄子表面很硬,但里面很柔软,有分开的'脚趾',便于抓握。另外,我的蹄脚形状有些凹凸,几乎可以吸附在任何物体的表面上。但如果这个物体本身就在往下掉……好吧,就会有麻烦了!"当时,伊德里斯滑了几米,然后跳到了附近的岩石突起上,躲过了山体滑坡。据报道,没有其他动物在此次山体滑坡中受伤。

伊德里斯站在坚实的地面。

吸血蝙蝠看护所获得"优秀看护所"称号

教育巡视员视察后发现,墨西哥一家由吸血蝙蝠社区运营的看护所,其内部人员互相协助的氛围很好,因此将这家看护所评为"优秀看护所"。这家看护所的蝙蝠以"栖息伙伴"相称,彼此之间建立了深厚的友谊,无论何时都会守望相助。"我们真的很感动,"一名巡视员说道,"看护所的伙伴们相互清理跳蚤,照顾甚至喂养其他蝙蝠的孩子。通常外出捕食的吸血蝙蝠会把吸到的血反刍后喂给那些留在洞穴里照看幼崽、生病或身体虚弱的蝙蝠。没错,就像他们的名字一样,吸血蝙蝠会吸哺乳动物的血,如果不吸血,他们活不过两天,所以这些分享食物的家伙简直就是救生员。"一名社区"发言蝙蝠"表示:"能被评为优秀,我们高兴得就像站在月亮上一样!不是太阳哦,因为我们是夜行性动物!"幸好,这个糟糕的冷笑话没有影响巡视员的评级。

⑤ 你能发现接下来的脚印图案是什么吗?

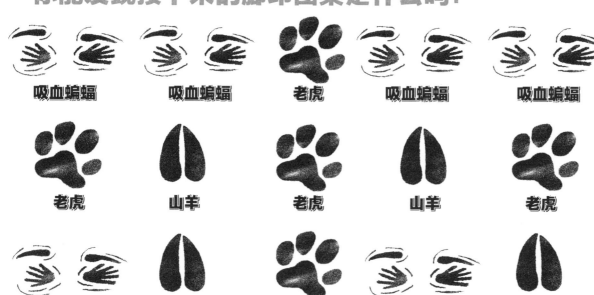

吸血蝙蝠	吸血蝙蝠	老虎	吸血蝙蝠	吸血蝙蝠	?
老虎	山羊	老虎	山羊	老虎	?
吸血蝙蝠	山羊	老虎	吸血蝙蝠	山羊	?

快速测试！

 对 或 错 ？

1. 雄性老虎和雌性狮子能生出狮虎兽。

2. 地球磁场呈东西向分布。

3. 虽然名字叫吸血蝙蝠，但吸血蝙蝠其实不吸血。

4. 霍加狓不善交际。

5. 野山羊能跳 3 米多高。

6. 吸血蝙蝠过着独居的生活。

"拒绝狮虎兽！"
老虎倡议

一头雄性老虎呼吁禁止跨物种交配。"雄性狮子和雌性老虎交配会生出体形庞大的狮虎兽，他们的个头比我们大很多。这不行！"老虎特里抗议道。但是，他并不担心雄性老虎和雌性狮子交配，因为他们生出的虎狮兽个头要小得多。冷静点，特里，狮虎兽和虎狮兽都非常罕见，因为老虎和狮子通常不在一个地方生活。

特里："我讨厌狮子。我说的是真的。"

霍加狓档案

身长： 约 1.5 米
体重： 200-350 千克

外貌： 看起来有点像斑马或鹿。这么说吧，他们对自己的身份也挺困惑的。

栖息地： 非洲中部的热带森林。

饮食： 这些家伙吃草、树、蕨类、水果、真菌——严格的素食主义者。

生存状况： 没错，你猜对了——濒临灭绝。野生霍加狓的数量仅有 25000 头左右。

 习性： 霍加狓喜欢独自活动。他们害羞、温和，不爱管闲事。

 趣味事实： 霍加狓看起来像斑马，但其实是长颈鹿唯一现存的亲戚！

动物磁场

世界各地不断有报告显示，地球磁场可能正在减弱。我们许多动物体内都自带"指南针"，能够感知地球天然磁场的南北极磁力。当我们长途旅行，在没有易于辨认的地标的情况下，就可以用这个"指南针"来辨别方向。这就是为什么大型哺乳动物群体（比如鹿群或牛群）吃草时头总是朝着同一个方向。几百年来，人类一直搞不清楚其中的原因，太好笑了。

这不是地球磁场第一次减弱，几十万年前也出现过相同的情况。那时候，在地球磁场逐渐变强之前，许多动物被迫采取其他方式辨别方向。动物委员会的一名发言人说道："毫无疑问，地球磁场时强时弱，但是地球磁场变得这么弱，还是几百年来头一次，我们必须有所准备。"

动物委员会正在组织一系列研讨会，教会大家用其他方法认路。学会识别地标和星星是第一步。你可以在当地酒吧了解更多相关信息。

股东报告

我们很高兴向大家汇报，各个物种之间的分享与合作体系正在持续健康地运行。大家都践行着"分享即是关怀"（Sharing is caring）这个道理。例如，牛椋鸟会吃掉牛、斑马、长颈鹿背上那些讨厌的虫子（参见右栏文章），兔子大方地让穗鹃在其洞穴里筑巢。动物王国里，几乎没有谋杀（即除生存捕食以外的杀戮行为）。这种情况令股东们开心不已！

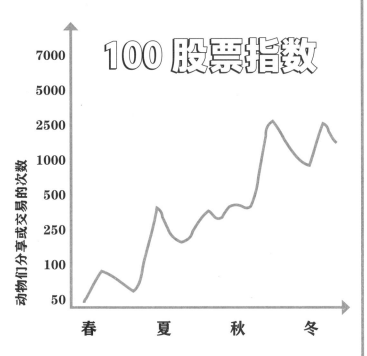

100 股票指数

纵轴：动物们分享或交易的次数 7000 5000 2500 1000 500 250 100 50

横轴：春 夏 秋 冬

关注——
人类交易市场

人类是一种非同寻常的物种。他们用小块金属交换食物、住所，甚至水。一些人类收集了大量金属，另一些则两手空空，这种不平等导致一部分人类健康成长，另一部分则营养不良。此外，金属常常遭遇盗窃，导致人类之间暴力相向，相互攻击。为了争夺金属，人类还时常彼此伤害。人类独一无二的交易体系似乎并没有给人类这个物种带来什么好处。这种模式不值得效仿。

乐于助人的喙

文：**斑马齐内迪纳**

"清除共生"——我们都听过这个词，但它究竟是什么意思呢？它指的是我们动物王国不同物种之间常见的一种交易方式：一方饱餐一顿，另一方获得清洁服务。比如，牛椋鸟会在斑马的皮毛中搜寻可口的蜱虫——谢谢，牛椋鸟！

一条短吻鳄，试图表现出友好的样子，以此换来牙齿清洁服务。

有一群鱼被称为"清洁鱼"，他们为体形较大的海洋生物提供全身清洁服务，啃食藏在后者鳞片下的寄生虫。这种交易既直接又简单：双方互惠互利。愿物种间的合作天长地久！

⑦ 看看你是否能将这些字母正确排序

GINRASH SI

RAGNIC*

*拼出来的英文短句意为"分享即是关怀"。——译者注

斑马档案

身长:
2~2.6 米
体重:
350 千克

 外貌: 斑马看起来就像长着黑白条纹的马。你可能以为这些花哨的条纹会让斑马看起来比较显眼,但事实恰恰相反,这些条纹会欺骗你的眼睛,让你很难识别出斑马。

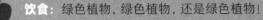 **栖息地:** 非洲的平原、山地、草原。

饮食: 绿色植物,绿色植物,还是绿色植物!

生存状况: 不同种群的生存状况各不相同,有的生存状况较好,有的则濒临灭绝。

习性: 斑马相信,马越多,越安全,所以,他们过着群居生活。斑马群通常由母斑马和她们带着的小马驹组成,只有一匹公斑马在斑马群中帮助照看这些小马驹。

趣味事实: 每匹斑马的条纹都不一样 —— 就像人类的指纹一样,每匹斑马的条纹都是独一无二的。

解读连锁反应

文:短尾雕巴蒂教授

我们的世界上有太多完美平衡的"互利"系统,也就是说,人人出一点力,人人获一点利。动物吸入氧气,呼出二氧化碳。植物吸入二氧化碳,呼出氧气。妙不可言!我们为彼此而生!这种互利也体现在食物链上。你可能不喜欢吃植物,但你仍然需要植物生长,因为只有这样你的猎物才有东西可吃。植物消失,你的猎物也会随之消失。可以说,我们每个物种都彼此依赖。这个道理谁明白得越早,过得就越好。至于我说的是谁,这里就不点名了。(好吧,说的就是人类。)

海葵和寄居蟹之间的伙伴关系尤其令人动容。这种关系通常会伴随他们一生。这些小家伙们同吃、同生,有时候甚至一起行动。寄居蟹自己没有壳,居住在其他动物不再需要的空壳里。随着身体长大,原先的壳装不下了,寄居蟹就需要找一个新壳,这时海葵也会跟着一起搬家!要不然就是海葵覆盖住寄居蟹装不进壳里的身体,这样他们两个就不用搬家了,真聪明!如果有坏蛋威胁到寄居蟹科米特,海葵埃米莉就会挺身而出,挥动带刺的触手,赶走坏蛋。这种共生关系值得我们学习!

⑧ 找不同

你能找出这两幅图中的 6 个不同之处吗?

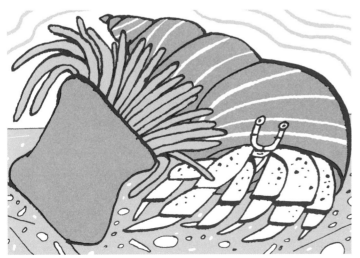

聚焦 ——奇妙动物

如果没东西供我们议论和取笑，生活就少了很多乐趣，所以，让我们轻松一下，看看目前在我们星球上行走、飞行或游泳的最奇怪和最不寻常的生物吧！

裸鼹鼠

这种无毛动物生活在东非地下，用傻乎乎的门牙在沙地里挖掘隧道。你会大叫："好恶心，他们吃土啊？"不。裸鼹鼠会紧闭牙齿后面的嘴唇，防止沙土入口。裸鼹鼠习惯群居生活，一群裸鼹鼠的数量可达 300 多只，并且全都为鼠后工作，有点像蚂蚁和蜜蜂。裸鼹鼠是少数几种以这种方式生活的哺乳动物。鼠后负责生育后代，可以对其他裸鼹鼠发号施令。裸鼹鼠可以在无氧条件下生存近 20 分钟，还不会感到痛苦。虽然他们看起来就像没穿衣服的老头，但是超强的生存能力弥补了他们的外形缺陷——差不多弥补了吧。

> "裸鼹鼠可以在无氧条件下生存近 20 分钟，还不会感到痛苦。"

林鸱

林鸱是一种生活在中美洲和南美洲的夜行性鸟类，以昆虫为食。这种鸟常常静止不动，看上去就像一根树枝。他们嘴巴张开时

就像洞穴，眼睛像圆盘，鸣叫声像一个害羞之人吹的口哨。如果你想抓只林鸱做晚餐，想趁他睡着时悄悄靠近他，那你走路的时候要特别小心，因为林鸱的眼睑上有缝隙，即使闭上眼也能察觉出周围的动静。

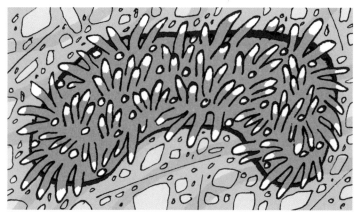

海参

嗯，黄瓜 *。凉爽、绿色、新鲜……不过，我们现在说的是海洋生物，不是蔬菜。但海参也是凉爽的，因为他们和其他无脊椎动物一样是冷血动物，在冰冷的海底深处游弋；是绿色的，是的，他们的身体是绿色的，但也有蓝色、红色、黑色、棕色的海参；是新鲜的，是的，螃蟹、大型鱼类，甚至连人类都吃海参（据说海参口感滑腻，没什么味道）。如果你想抓海参，那就得小心了。海参有两个奇妙的本领：（一）能变成液态，然后又变成固态逃跑；（二）能把内脏连同一种恶心的酸性物质一起吐出来。噢，还有，海参通过肛门呼吸。我说过的，他们很奇妙。

长鼻猴

没错，长鼻猴的鼻子很大。不过别在他们面前提这个。如果提了，你耳朵可能会聋掉——长鼻猴的鼻子就像个扬声器，发出的声音震耳欲聋。长鼻猴脚上有一点点脚蹼，是游泳的好手，但是他们从树上跳入水中时是肚皮先入水，所以入水时会很疼。不过，长鼻猴生活在炎热的加里曼丹岛，所以入水时肚皮疼一下也不全是坏事。

* 海参英文为 "sea cucumber"，而 "cucumber" 有黄瓜的意思。——译者注

9

现场测试!

对 或 错 ?

1. 林鸮是南非的一种树。

....

2. 得州角蜥大多数时候以老鼠为食。

....

3. 裸鼹鼠生活在严格的等级制环境中。

....

4. 林鸮闭上眼也能看见东西。

....

5. 海参能挤过狭小的缝隙。

....

6. 长鼻猴以拥有大胳膊而闻名。

....

棕色无光？容易被忽视？
你需要帮助！试试全新的……

秀出光彩!

如果你想给你的朋友留下深刻的印象，吸引他们注意，有什么能比戴上这些绚丽的羽毛更吸引眼球呢？这些羽毛可是来自最漂亮的孔雀，能轻易地绑在臀部，让你即刻成为众人瞩目的焦点！

用户蟾蜍雷吉现身说法

"在我使用'秀出光彩'之前，没人关注我。现在我去哪儿身后都有其他蟾蜍跟着，笑着，对我指指点点。"

---

10 创造属于你的奇妙动物，并在这里画出来：

得州角蜥档案

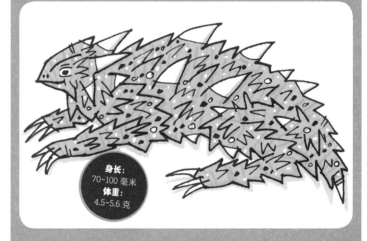

身长
70~100 毫米
体重
4.5~5.6 克

👁 **外貌**：好像不小心踩到他们，他们就会痛不欲生似的。但是，你很可能会踩到他们，因为他们实在太擅长伪装了，很难被发现。

✛ **栖息地**：北美大草原和沙漠。他们是蜥蜴世界的牛仔。

🍎 **饮食**：他们最喜欢吃收获蚁，但如果收获蚁不够吃，他们会吃掉能找到的任何小昆虫。

❤ **生存状况**：没啥好担心的，也就是说，虽然他们的数量在减少，但还算安全。人类使用的杀虫剂正在摧毁收获蚁群，这也意味着得州角蜥不能光靠收获蚁填饱肚子了。

习性：生活相当惬意。这些家伙没什么天敌，多数时间都在一动不动地晒太阳。

❓ **趣味事实**：遇到危险时，得州角蜥会膨胀身体，使自己难以下咽。他们还能从眼睛和嘴里喷射出恶心的血流，射程可达 1.5 米左右。非常恶心。

螳螂档案

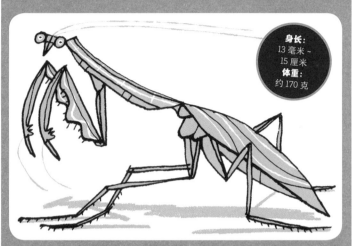

身长： 13毫米～15厘米
体重： 约170克

👁 **外貌：** 他们十分擅长伪装，如果你看见他们，会发现他们大多是绿色或褐色。他们看起来一副很虔诚的样子——后腿弯曲，仿佛在祈祷一样。

✛ **栖息地：** 全世界都能见到螳螂的身影，但他们大多生活在温暖、炎热的地方。我们大多数人都喜欢去这样的地方度假。

🍎 **饮食：** 他们喜欢吃爬动的活物。他们会一动不动地等待，然后突然出击抓住眼前的虫子。一些螳螂甚至会吃蜥蜴和青蛙。

🖤 **生存状况：** 非濒危物种。重复一遍，他们没有濒危！音乐奏起，开始派对，螳螂们！

☯ **习性：** 鬼鬼祟祟！他们多数时候一动不动，既不会引起掠食者的注意，也方便他们突袭其他虫子——他们会在猎物未意识到发生了什么的时候抓住并吞食那些可怜的家伙们。对此，我们不做任何评论，因为我们都得吃东西。

❓ **趣味事实：** 螳螂也吃同类。一些雌螳螂会咬掉她们男朋友的头。这一点也不好玩，伙计们！

你知道吗?

看看不同动物养育宝宝所花的时间有多大差别吧！

负鼠 —— 14 天
（轻而易举）

大象 —— 22 个月
（将近2年！）

皱鳃鲨 —— 3.5 年
（这可——太长了。）

爱，无处不在

《陆地时报》的编辑们都很爱宝宝，尤其是那些可以食用的宝宝。开玩笑啦！但我们认为是时候表扬一下所有父母了。毕竟，没有他们就没有我们！从现在起，每个月我们都会为你们带来动物王国的最美爱情故事。

天鹅是长情的典范。天鹅通常在2岁的时候就找到了真爱，并和对方长相厮守，共同养育很多小天鹅（也就是我们所说的天鹅宝宝），直至死亡双方才会分离——别忘了，有些天鹅可以活30年！雌天鹅一次通常生3~8个蛋，这意味着有很多宝宝！他们是如何做到相亲相爱的呢？我们就此询问了希德和塞西莉，这对可爱的夫妻是来自伦敦布洛克威尔公园的疣鼻天鹅。

希德，说说你们的秘诀。
希德：呃？你怎么知道的？那是好多年前的事了，老虎特里答应过我不会告诉任何人！

呃，对不起，我说的是你们夫妻俩保持长久幸福关系的秘诀……
希德：哦，这个啊。
塞西莉：请别打扰他。他在施展绝活儿呢。

你对追求者感到厌烦？那么你需要

抹点这种香水吧，让那些热情的追求者知道，你已经找到伴侣了，去别的地方碰碰运气吧。草原田鼠、蜜蜂、旅鼠、蜘蛛和甲虫都在用它，这款香水的气味会让追求者闻风而逃。

"不，谢谢，伙计！"
——不希望招蜂引蝶时的首选。

施展绝活儿？哈！这是 20 便士，拿着吧。

塞西莉：不，那是我们天鹅生气时的说法。有人说我们很强壮，足以折断人类的手臂，但我们并没有那么好斗。我们大叫和拍翅膀的时候，通常是为了保护我们的孩子。

你们的孩子！聊聊他们吧。

塞西莉：好吧，我们一年大约生 7 枚蛋，通常是在春季或初夏。然后，我们轮流孵蛋。我们很爱他们吧？

希德：确实很爱。他们要过五六周才能孵化，是吧？

塞西莉：没错。我和希德会共同照顾孩子。他找筑巢的材料，我来筑巢。当然生蛋由我来，但通常是他坐在上面孵蛋，这样我才能吃点东西。生蛋是很消耗体力的。

希德：是的，我们会互相照顾。我们是好搭档，为彼此消除威胁，确保孩子们一切安好。

塞西莉：嗯，小天鹅孵出来后，我们会花上一段时间好好照顾、教导他们。

希德热泪盈眶地说道：有时候我还会背着他们。

哇——太美好了！

塞西莉：的确。他们差不多 6 个月大的时候，我们就会把他们赶跑。

希德：是的。我们会突然赶走他们。再见，宝贝们，该去找你们自己的伙伴了。

我……我知道了。但你们不会驱赶彼此，是吗？

希德：噢，不会，我们很亲密的。

塞西莉：噢，没错，我们绝不会那么做。

那么，像你们这样，保持着这么长的夫妻关系，最大的好处是什么？

塞西莉：嗯，我觉得最大的好处就是，我们一起经历了很多事情，我们从过去的错误中吸取了很多教训，尤其是在养育孩子方面，我们变得越来越有经验。

希德：尤其是驱赶他们的经验。

塞西莉：没错。

说到这里，这对幸福的夫妻面露微笑，深情对视。哇！如果这都不是爱，我不知道什么才是爱。

更多相伴终生的经典爱情故事（有关狼、仓鸮、海狸、信天翁的爱情故事），敬请期待！

⑪ 百里挑一

　　园丁鸟生活在新几内亚和澳大利亚的森林中。他们求偶的方式十分动人。雄鸟会用树叶和树枝搭建一个精巧的求偶亭，并用所有能找到的色彩斑斓的东西装饰它，包括浆果、花瓣、闪亮的金属碎片和彩色塑料灯。真是了不起！在右边这个放大的园丁鸟求偶亭里，你能找到以下哪些东西？

稻草	**拉环**
泄气的气球	**钥匙**
别针	**玩具车**
羽毛	**硬币**

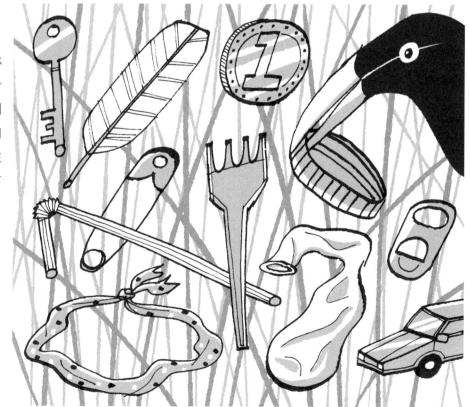

谁需要餐桌礼仪?

我们不需要!享用美食和饮品的方法多种多样,我们觉得都不错,只要我们自己不是被享用的对象就好。

吸食

蝴蝶无法啃食或咀嚼食物,只能吸食食物。蝴蝶停在一朵花上时,通过脚来品尝花粉的香甜——希望他们先把脚洗干净了。然后,蝴蝶会展开头上又长又卷的吸管(被称为"口器")吸食花蜜。非常方便!蜘蛛没有用来咀嚼食物的牙齿,但蜘蛛拥有可以将毒液注入猎物体内的毒牙。噢,好痛!毒液会杀死猎物,并将猎物的内脏化为糊状,这样蜘蛛就可以吸食了。美味至极。

舔食

食蚁兽也没有用来咀嚼食物的牙齿,只有长长的舌头,上面全是密密麻麻的勾刺和黏糊糊的唾液。食蚁兽将舌头迅速地一舔就能捕获数百只昆虫。与此同时,食蚁兽还会舔进一些脏东西,帮助他们粉碎和消化午餐。

反刍

把食物吐出来很恶心,对吧?但对鹿、羊、牛这样的反刍动物来说并不恶心。反刍食物可以保障他们的安全!怎么保障?在野外,他们可能会被掠食者发现。于是,他们会以最快的速度吃下尽可能多的植物,然后去安全的地方消化这些食物。太聪明了!反刍动物的胃分成好几个胃室,当他们找到安全的地方之后,他们的"储存胃"就会把食物送回嘴里,让他们慢慢咀嚼,然后再咽下去。真好吃!

> "反刍动物的胃分成好几个胃室,当他们找到安全的地方之后,他们的'储存胃'就会把食物送回嘴里,让他们慢慢咀嚼,然后再咽下去。真好吃!"

生吞

有的动物会张开大嘴,吞下整个食物,让他们的胃来完成艰难的消化工作。鹈鹕用这种方法吃鱼,猫头鹰用这种方法吞下小型啮齿动物,一些蛇用这种方法吞下比他们大很多的猎物——他们的身体也会被吞下的猎物撑大。太酷了!尽管这让他们看起来有点奇怪。

⑫ 寻物游戏

秃鹰瓦莱丽发现了一只美味的死羚羊,但尸体正在迅速腐烂!尽快帮她穿过迷宫,享用晚餐吧。

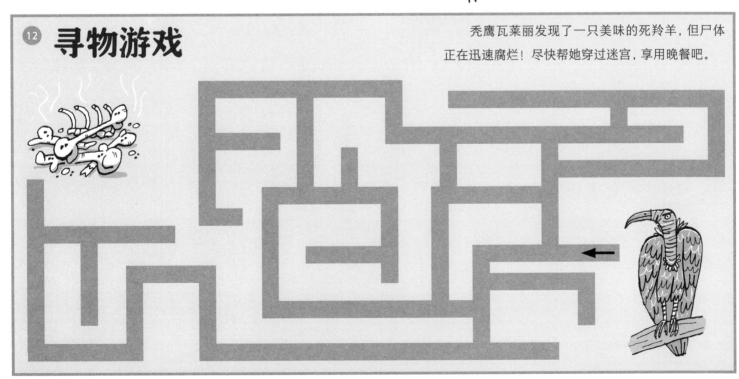

红尾蚺档案

身长:
可达 4 米
体重:
可达 27 千克

👁 **外貌:** 身体很长,蠕动行进,根据栖息地的不同,身上有红色、黄色、绿色的斑纹——红尾蚺常常与环境融为一体。但是,千万不要盯着他们身上漂亮的斑纹太久,不然……就糟了!

✛ **栖息地:** 这些家伙喜欢温暖、潮湿的环境,他们主要生活在中南美洲,栖息在空心树干或废弃的地洞里。

🍎 **饮食:** 你!说真的,红尾蚺可以一口吞下几乎任何活物,无论是啮齿动物,还是豹猫(一种猫科动物)、野猪。他们只要张大嘴,就能把你整个吞下!

❤ **生存状况:** 一些种群濒临灭绝。人类为了获得蛇皮而猎杀他们。

☯ **习性:** 红尾蚺是伏击专家,可以通过吐出的舌头来判断是否有美味的食物匆匆经过,因为他们的舌头能从空气中感知到猎物的存在。随后,红尾蚺会猛扑过去,用牙齿咬住可怜的猎物,再用身体缠住它,慢慢让猎物窒息而死。

❓ **趣味事实:** 雌性红尾蚺一次可以生出近 60 条身长可达 60 多厘米的幼蛇。

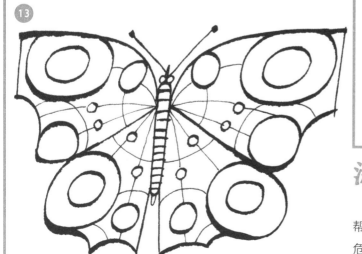
13

免费素食主义
这种生活方式适合你吗?

我们都知道获取食物得付出代价。作为掠食者,你甚至会付出生命的代价——要么受伤而死,要么没有足够的猎物而饿死。

但像埃及秃鹰这样的免费素食主义者想出了绝佳的办法,确保他们无论走到哪里都有充足的免费食物可以享用。这个办法就是:吃……便便!(当然还有其他东西。)我们与埃德娜和薇拉这

> "作为免费素食主义者,我们不相信这世上存在什么废物。"

两只来自西班牙的埃及秃鹰聊了聊(她们表示,叫她们埃及秃鹰具有误导性,其实世界各地都能看到她们的同类)。埃德娜和薇拉向我们描述了她们的"免费素食主义"生活方式。"作为免费素食主义者,我们不相信这世上存在什么废物。"埃德娜解释道,"所以,

我们会为其他动物收拾残局,吃他们剩下的食物和其他乱七八糟的东西。我们这么做完全是为了大家。我们吃这些残渣剩肉,其他动物就能吃到更多的新鲜食物!"

我指出这样的食腐行为并非完全无私——这比猎取鲜肉容易多了,新鲜猎物会逃跑。"嗯,是的,"埃德娜勉强同意,"但我们确实把这看成一种公共服务。"

"没错。"薇拉插话道,"便便里有很多类胡萝卜素,把我们吃成一张黄脸。而一张黄色的脸可以告诉其他秃鹰,'我很健康,我甚至能靠吃便便活下去!'这有利于我们吸引伴侣。"

不管她们成为免费素食主义者的原因是什么,对埃及秃鹰来说,免费素食这种获取食物的办法无疑既便宜又简单。这是个不错的办法,只要你对吃的东西不太挑剔就行。

涂色拯救生命

蝴蝶美丽的翅膀不仅仅是为了炫耀,翅膀上鲜艳的色彩还可以帮助他们与环境融为一体,或是警告掠食者他们有毒,吃下去会很危险!请给这只蝴蝶涂色,保护他不被吃掉。

一天一舔，疾病全免。

舔舐伤口，好处多多

我们都有过这样的经历——朝陌生动物吼一下，还没反应过来，他们就发动猛烈的进攻，把我们抓伤。伤口会流血不止，疼痛难忍，如果不尽快采取措施，很快就会感染。

父母传授的经验让很多动物都知道生病时应该嚼些什么植物。坦桑尼亚的黑猩猩会吃斑鸠菊属植物的苦叶子来缓解肚子疼，金刚鹦鹉喜欢吃土（没错）来消除他们爱吃的种子里的毒素。但怎样做才能防止伤口感染呢？嗯，很简单——舔！你会发现，自己会自然而然地这么做。唾液可以清洁伤口，还有杀菌的功效，也就是说，唾液可以杀死有害细菌。所以，下次当你被锋利的爪子抓伤的时候，舔舐伤口也许可以救命呢！

⑭ 测试角

你能想象到的最美丽的动物长什么样？请画出来。

大象档案

身长：
2.7~3.3 米
体重：
2700~
6000 千克

👁 **外貌**：看起来就像长着褶皱的巨大外星生物。目前地球上只剩下两种大象：非洲象和亚洲象。你可以通过耳朵来区分他们——亚洲象的耳朵小一些。但如果你敢嘲笑非洲象的大耳朵，他们可是能轻易把你压扁，让你闭嘴。

✛ **栖息地**：非洲象生活在非洲，亚洲象生活在亚洲，这点很容易就能记住。亚洲象大多住在热带丛林，非洲象则住在任何有食物和水的地方：热带雨林、热带草原，甚至是沙漠。

🍎 **饮食**：树叶、草、小型灌木，以及各种美味的素食。

❤ **生存状况**：亚洲象濒临灭绝，非洲象也是易危物种，这意味着非洲象可能很快将濒临灭绝。

☯ **习性**：雌性大象过着群居生活，成年雄性大象则独自生活。他们会笑、会哭，会为死去的同伴悲伤。他们拥有超长的记忆力。他们是你能遇见的最友善、最聪明的动物之一。

❓ **趣味事实**：他们是唯一不能跳跃的哺乳动物。

皮肤干燥、脱皮？阳光让你干裂？

你需要……

"血汗"！

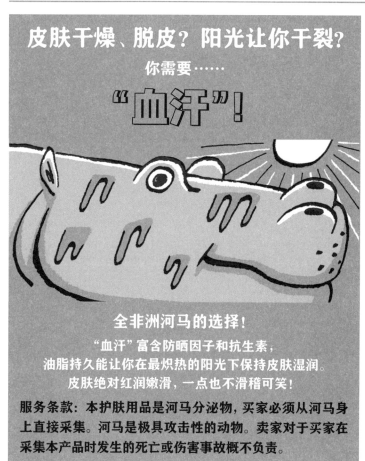

全非洲河马的选择！

"血汗"富含防晒因子和抗生素，
油脂持久能让你在最炽热的阳光下保持皮肤湿润。
皮肤绝对红润嫩滑，一点也不滑稽可笑！

服务条款： 本护肤用品是河马分泌物，买家必须从河马身上直接采集。河马是极具攻击性的动物。卖家对于买家在采集本产品时发生的死亡或伤害事故概不负责。

---

15 你能从字母表中找出下面几个单词吗？每个单词的字母排列顺序都被打乱，甚至被倒置！

**爪子（CLAW）金刚鹦鹉（MACAW）种子（SEEDS）
伤口（WOUND）鬃毛（MANE）**

C	G	E	P	F	H	S	N
L	Q	G	S	H	K	E	W
A	A	B	R	S	C	E	O
W	M	A	C	A	W	D	U
X	A	L	T	E	N	S	N
H	E	U	T	G	P	G	D
Y	L	D	E	N	A	M	L

成为鬃毛雄狮！

浓密蓬松的鬃毛——值得为之付出所有！

一头漂亮的鬃毛仿佛在向别人宣告："我很强壮，我有力量，别惹我。"随着年龄的增长，鬃毛颜色会越来越暗，这是在警告那些想要打架的小家伙们，你经验丰富，知道如何战斗。与之相反，如果鬃毛很稀疏，那就尴尬了。稀疏的鬃毛就是告诉全世界，你无法获得足够的食物，你可能在几次打斗中表现得很糟糕。所以，鬃毛保养十分重要。

生活在温暖环境中的狮子，鬃毛比较稀疏，因为他们需要脱毛来保持凉爽。因此，随着地球变得越来越热，护理鬃毛也变得越来越重要。

下面分享一些小妙招：

吃好

丰富的肉类饮食有助于保持鬃毛浓密、光滑。

驱虫

虱子和其他讨厌的昆虫会寄居在鬃毛里，吸你的血。好好让你的幼崽挠挠鬃毛，清除虫子！

防晒

尽量待在阴凉地。炙热的太阳搭配浓密的鬃毛，足以让任何动物头晕脑涨。更何况，热气可能会让你的鬃毛变稀疏！

完美鬃毛。
这是一张匆忙拍摄的照片。

我会活下去

面对现实吧：在动物王国，保持健康基本上相当于活下去。

在自然界，我们不得不面对饥饿、缺水以及来自掠食者的威胁。我们没法解决缺吃少喝的问题，不过对于如何避免自己被吃掉，倒是可以学点妙招。让我们看看逃生专家们是怎么建议的吧！

伪装

将自己伪装起来融入环境中，不但是躲避掠食者的最佳方法，也意味着当你捕食其他动物时，你的猎物没法辨认出你。伪装既适用于高大威猛的动物，也适用于体态娇小的动物。比如，豹子的斑点使豹子与树林融为一体，有些虫子的外貌则与树枝别无二致，有些动物的斑纹可以变化。比如，变色龙会根据所处的环境改变身体颜色，而神奇的拟态章鱼至少可以模仿15种完全不同的物种的外形！

造势

这是一种聪明的心理游戏，与伪装几乎完全相反。当你被掠食者追杀时，试着说："来啊，傻瓜！我才不怕你，你永远也抓不到我！"这可能会让他们犹豫不决或心生疑惑，因为他们已经习惯了猎物一见到自己就仓皇而逃。这么做相当冒险，不过，嘿，当你被逼入绝境时，还是值得一试的！瞪羚遇上狮子或猎豹时，会腾空跃起，仿佛在说："来啊，你这又老又肥的笨蛋，我倒看看你敢不敢来。"这种时候，对方可能就不会浪费精力追逐这么一只年轻力壮的瞪羚了。他们会转而攻击年龄较大、跑得较慢的瞪羚。云雀遭遇灰背隼攻击时会放声歌唱，仿佛在说："这也太没难度了——我都没想过躲。"这会让灰背隼感到很扫兴，有时候会直接放弃！

速度

还有一个自卫绝招：跑！猎豹是无可争议的竞速之王，有时候能跑出100千米/时的速度。但猎豹只能在短距离内高速奔跑，他们最喜爱的猎物瞪羚能以近乎相同的速度跑更长的时间，以此获得逃生的机会。大家普遍认为，当危险来临时，鸵鸟会把头埋进沙子里，但这并非事实——鸵鸟一旦嗅到危险气息，就会撒腿逃跑，速度可达70千米/时。

盔甲

有些人可能会说这是最好的防卫工具。大多数掠食者不去骚扰河马和大象，不仅仅是因为他们体形庞大，还因为想要咬穿他们5厘米厚的皮实在是费劲。大多数掠食者也不会去碰长着刺的动物，如巨蜥。没有哪个掠食者希望享用晚餐时满嘴扎刺。

16

臭臭的臭鼬

借助方格，再画一幅与下图一样的画。

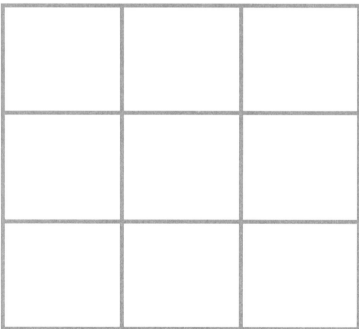

美西螈档案

身长： 约23厘米
体重： 约120~180克

外貌： 从正面看，像长着纤细小手的橡胶玩具。从侧面看，既像鱼又像蜥蜴。

栖息地： 美西螈是两栖类动物，既可以生活在水里，也可以生活在陆地。人们只在墨西哥的两块湖中发现过他们。其中一个湖已经不复存在，另一个已经变成了一条条灌溉渠。（有点像别人在你家客厅里建了个停车场。）

饮食： 蠕虫、鱼类、昆虫。美西螈没有牙齿，所以他们只能趁食物从眼前经过时一口把它吸进去，就像没装假牙的老人那样吃东西。

生存状况： 野生美西螈濒临灭绝，唉！不过，很多人把他们当宠物饲养，所以他们仍然存在于这个世界上。

习性： 有时游泳，有时爬行，有时吃鱼。

趣味事实： 美西螈可以自我疗伤，就跟变魔术一样！这也太厉害了。他们的肢体可以再生，甚至还可以替换自己大脑的受损部分。他们是自然界的超级英雄。

17 # 测试角

有时候你别无选择，只能坚守阵地，战斗到底。你能把这些防卫技能和对应的动物匹配在一起吗？

 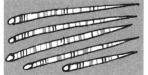   

墨汁	棘刺	角	气味	喷血
犀牛	章鱼	豪猪	得州角蜥	臭鼬

焦点——叶猴

任何和叶猴做朋友的动物都知道，叶猴把家庭放在第一位——至少雌性叶猴是这样。我最好的朋友叶猴露西，我都记不清她有多少次取消与我的约会，好跟她的姐妹、妈妈、姨妈一起出去玩。雌性叶猴最喜欢互相打闹，在对方头上捉蚤子，也喜欢聚在一起放松休息。她们会相互照顾孩子，每只叶猴都会帮忙觅食。与此同时，雄性叶猴则更加好斗，喜欢掌控全局。通常一群叶猴中只有一只雄性叶猴。如果雄性叶猴数量超过一只，他们就会通过决斗来证明谁是老大。有时候，雄性叶猴会成群结队地远离族群，然后相互较量一番。这样做也挺好。

18 下一个是什么？

看看这些图案，指出序列中缺失的下一个脚印图案是什么。

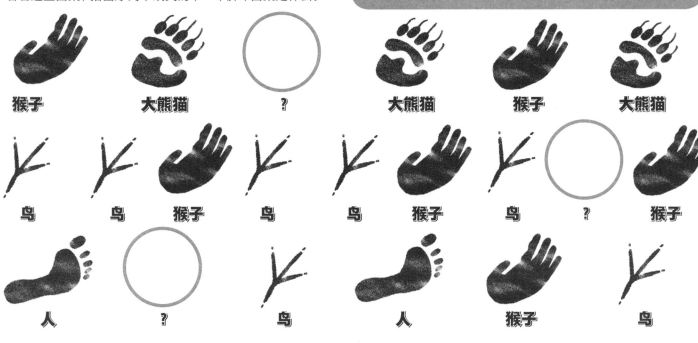

猴子	大熊猫	?	大熊猫	猴子	大熊猫
鸟	鸟	猴子	鸟	鸟	猴子	鸟	?	猴子
人	?	鸟		人	猴子	鸟

骆驼档案

身长：
1.7~2 米
体重：
400~1000
千克

👁 **外貌**：有点像马，长着一口坏牙。如果是单峰驼的话，有一个驼峰；如果是双峰驼的话，有两个驼峰。

✥ **栖息地**：这些家伙喜欢沙漠或平原这种辽阔的地方。

🍎 **饮食**：严格的素食主义者。

❤ **生存状况**：野生单峰驼已经灭绝，但仍有大量驯化的单峰驼和野化无主的单峰驼。野生的双峰驼仅剩1000头左右。

☯ **习性**：骆驼之间打招呼的方式是向对方的脸上吹气。他们可以跑很远的距离，还能在驼峰里储存脂肪和水，食物短缺时就以此维生。如果骆驼朝你吐口水（实际上是呕吐物），那是因为他们觉得自己受到了威胁。所以，这样的行为你应该理解。

❓ **趣味事实**：在没有食物或水的情况下，骆驼可存活6个月之久。

克莱尔信箱

让我们的知心大妈克莱尔来回答你的问题吧！

亲爱的克莱尔：

我的朋友都说我太纵容我的孩子们了。我想这是实情，但我实在太爱他们，甚至愿意为他们去死。真的。产卵后，我就一直守护着他们，直到他们顺利孵化出来，并且尽其所能地吃东西，储存真正有益的营养。我还把我的大部分内脏分解成富含营养的汁液喂养他们，虽然这会有点疼。等我可爱的宝贝们孵化出来后，我成了一具行尸走肉。我把这些好东西喂进他们的小嘴里（我知道啊！我到底怎么了？）喂饱了他们，我就让他们爬到我身上，把毒液注入我体内，让我剩下的内脏变成一团浆糊，然后把我活活吃掉。天啊！我这是在溺爱他们吗？

诚挚的沙漠蜘蛛唐娜

亲爱的唐娜：

你为你的孩子们生，也为他们死，没有比这更高尚的了。但你也许可以试着偶尔为自己做点什么。试试慢跑，或是一边享受按摩一边让你的宝宝吮吸你液化的内脏，怎么样？你越快乐，那些小可爱们也会越快乐！

爱你的克莱尔

亲爱的克莱尔：

我总觉得我刚孵出来的一个小家伙有点不对劲。当初孵出他的那个蛋和其他蛋看起来就有点不一样，但我当时没有多想。当他孵出来以后，他把其他蛋和幼鸟都挤出了鸟巢！它的体形也很大——大约是我平时孵出的幼鸟的3倍，而且总是要东西吃。我已经精疲力尽了！而且我敢肯定，我有一天真的听到他发出了"布谷布谷"的叫声！这究竟是怎么了？请帮帮我！

芦莺丽贝卡

亲爱的丽贝卡：

你被狠狠地骗了，可怜的孩子。你好像有阵子没有好好守护你的鸟巢了。一只厚脸皮的布谷飞了下来，把你的一个蛋弄出了鸟巢，然后生下了她的蛋。傻孩子，这种事经常发生，稍不留神就会发生。你耗费心血育的那只幼鸟百分之百是只布谷。我的建议？下次小心点吧！

爱你的克莱尔

亲爱的克莱尔：

人类觉得我很可爱，总想抱抱我——他们真的很喜欢我们，把我们列入特别保护名单。但我遇到个问题，我觉得这个问题会让我在人类心中受欢迎程度下降。这个问题就是，当我生下双胞胎时，我必须确保最强壮的那个活下来，即使这意味着必须牺牲另一个。这是个可怕的决定。但如果周围没有足够的食物，最好的解决办法是确保强壮的幼崽获得足够的食物，而不是养育两只饥饿、虚弱的幼崽，尤其考虑到我们的种群数量非常少这一现实。我必须争取最大的生存机会。我是不是很坏？人类会讨厌我吗？

大熊猫波莉

亲爱的波莉：

不，你不坏！你并不是唯一一个做出这种艰难选择的动物——许多动物都面临这一难题。螳螂一次可以生60个宝宝（也就是"卵"）。他们知道超过一半的宝宝将无法生存下来，于是会集中精力照顾那些健康的宝宝。这挺让人难过的，但现实就是如此。人类不会把你从濒危物种名单上除名，因为他们内心有愧。你们的自然栖息地有一半是被他们破坏的。谢谢你的分享，波莉。

爱你的克莱尔

19 芦莺，你在哪儿？

你能帮助这只芦莺找到回巢的路吗？

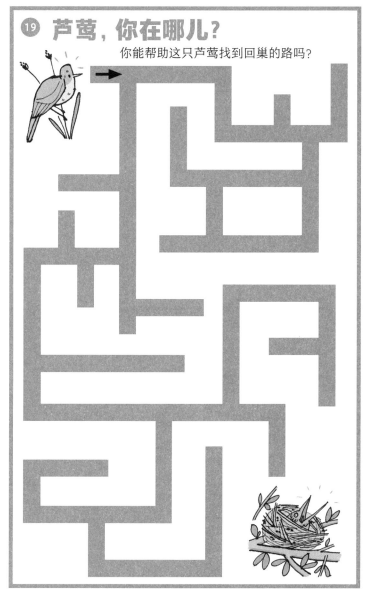

回归栖息地

有些动物喜欢辽阔的非洲草原，有些动物则偏爱热带雨林。热带雨林的食物基本都长在树上，如果你喜欢吃树叶的话——话说回来，谁又不喜欢呢？

有些动物生活在阴森恐怖的海洋深处，那里的水压大到可以压碎人类的骨头。我们可不是在说他人的生存环境不好！不过——最近有谁见过鮟鱇鱼吗？幸运的是，无论你的品味多么奇特，地球上总有一块适合你的栖息地。

山地为棕熊提供了绝佳的自拍背景。

雨林

喜欢树？喜欢潮湿和大汗淋漓的感觉？雨林是你的不二之选！雨林多分布在赤道（即环绕地球中部的假想线）。那里终年多雨，四季常青，充满生机。高大的树木为雨林搭起遮阳棚，因而地面不会太晒。在雨林里，吼猴欢叫，巨大的蓝闪蝶在空中飞舞，树懒整天挂在树上，不想让任何人关注他们。

林地

喜欢树林，但又不太喜欢热气？欢迎来到林地。无论是在大山高处，还是在河流低地，林地为鹿、松鼠和兔子提供庇护所。林地里还有大量坚果、水果和昆虫。听见咚咚咚的声音？那可能是啄木鸟在啄树干找虫子吃。听见呼呼呼的声音？那可能是猫头鹰在和他们的孩子们聊天。听见可怕的咆哮声？那可能是一头愤怒的棕熊。快跑！

草原

你可能不喜欢树，更喜欢一望无际的天空。也许你只想要安宁的生活，有青草可以啃食，有平地可以奔跑。这个要求很过分吗？不！无论你是在非洲大草原吃草的斑马，还是在南美大草原闲逛的食蚁兽，草原不仅能满足你的要求，还能馈赠更多的东西。只是要小心狮子和美洲虎，还有草原大火。

淡水湖及河流

如果你是一条鱼，一条蠕虫，某种两栖动物，或是一只昆虫……没有什么地方比湍急的河流和可爱的池塘更让你感觉舒服。淡水中生活着各种各样的动物，以植物或彼此为食。因此，人类不断污染江河溪流，让池塘逐渐消失，实在是一件可耻的事。

海洋

如果你想有更多的选择，可以到海里看看，只要你能在水下呼吸就行。从珊瑚礁周围的温暖海域，到昏暗的深海海沟，再到北极的冰冷冰盖，总有一处适合你。你能在海洋里看到鲸鱼、海龟，以及像珊瑚这样的动物（他们看起来就像一座花园的中心），还有许许多多多的鱼，包括鮟鱇鱼。鮟鱇鱼是一种深海鱼，头上长着像吊灯一样会发光的东西，把食物引诱进可怕的大嘴里。就像我说的：阴森恐怖。

鮟鱇鱼——最好躲开他们。

沙漠

如果你不喜欢打伞，也不太容易口渴，那就去沙漠试试吧。在那里生活，你必须能忍受酷热，找到节约水和食物的妙招——那里没多少水和食物。所以，拥有一个充满脂肪的驼峰简直是一大优势——为所有骆驼欢呼吧。在沙漠里，白天最好躲起来，晚上再出来觅食，希望你有良好的夜视能力。沙漠生活可能很无聊，但要小心，沙漠也相当危险。

旅行报告

河马哈罗德在非洲撒哈拉以南地区的河里享受水疗

过去一周，我忙着袭击当地鳄鱼，偷农民的庄稼，与其他雄河马展开殊死搏斗。经过这漫长的一周，我最渴望的就是去浅水区享受一番。在非洲南部的河流和湖泊里，我可以尽情放松下来，每天享受长达 16 小时的休闲时光。我很幸运，自己就能分泌天然防晒霜，没有被晒伤的风险。日落时分，我和朋友们起身出水，前往陆地吃晚饭。我们通常会选择当地的新鲜草 —— 太好吃了！吃完晚饭，我们再回到河里，在水下打瞌睡。这简直是五星级享受。

北极熊档案

身长：
2-3 米
体重：
150~450 千克

- **外貌：** 看起来就像长着巨大爪子的大型白色泰迪熊，但千万别拥抱他们。他们是世界上最大的陆地肉食动物 —— 鉴于他们多数时间生活在有浮冰的海域里，我们不用太计较这一点。
- **栖息地：** 北冰洋，在北极那边。
- **饮食：** 北极熊以海豹为食，能在 1 千米外嗅出他们的气味。北极熊会在海面的冰层上等待海豹出水呼吸，然后喔！海豹就一命呜呼了。这就是自然法则。
- **生存状况：** 易危动物。气候变化导致北极冰雪融化，使得北极熊更难找到食物。
- **习性：** 北极熊大部分时间是独处，但有时也会一起打闹玩耍。为什么不呢？毕竟在北极没太多其他事情可做。北极熊吃饱之后没什么攻击性，但如果他们正饿着肚子，那就要小心了 —— 他们可能会咬人。
- **趣味事实：** 北极熊的皮肤是黑色的，但他们的毛是透明的，会反射光线，所以北极熊看起来是白色的。

20 谁生活在这样的环境中？

看看你是否能为下面的动物找到他们的家。

树懒

草原

猫头鹰

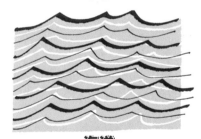
海洋

斑马

林地

海龟

热带雨林

体育

猎豹！

动物奥林匹克运动会于上周拉开帷幕。这届运动会同样争议不断。

一头代表肯尼亚出战的狮子被取消了 200 米赛跑的参赛资格，因为在她体内发现了猫薄荷的残留物。一只可怜的叉角羚则在 100 米短跑比赛中跑完了生命的最后一程。请看本报记者黄鼬威尔玛的详细报道。

100 米短跑赛场上演死亡悲剧

猎豹切斯特以 5.95 秒的惊人成绩赢得了 100 米短跑赛的冠军。观众们纷纷为他欢呼喝彩。可是，切斯特并不满足于成为这个星球上短跑最快的动物，他竟然撕咬获得第二名的叉角羚佩妮拉，场内气氛突然变得凝重起来。"切斯特一直争强好胜，"获得第三名的蓝角马布莱恩坦言道，"他知道叉角羚是长跑方面

的王者，他想在 1500 米长跑赛开始前解决掉佩妮拉。"但切斯特打错了算盘。裁判剥夺了他的奖牌，把奖牌改判给了死去的佩妮拉。获得第四名的狮子卢埃拉则对收获铜牌喜出望外。她告诉本报记者："与猎豹同场竞技，我没有丝毫的胜算。"

袋鼠的惶恐

袋鼠卡莉错过了 100 米短跑赛，因为她得安抚她的女儿凯莉，后者因为在 5 岁以下儿童组跳跃比赛中失利而沮丧不已。事后卡莉告诉本报记者，对于没能及时赶去参加比赛，她感到十分庆幸。"万幸，逃过了一劫。"她说道，"切斯特就是个大麻烦。我们澳大利亚没有猎豹是有原因的。"

㉑ 找不同

双胞胎老虎特里和泰里在摔跤决赛中针锋相对。出人意料——双方竟然打成平手！你能从这两张比赛照片中找出 6 个不同之处吗？

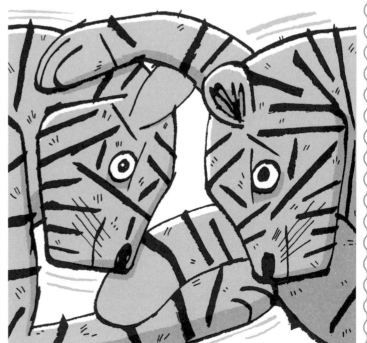

游向胜利

爬泳决赛竞争异常激烈。黑枪鱼马文险胜旗鱼恩雅，以130千米/时的惊人速度牢牢保持着世界纪录。记分牌往下看，棘鳍温迪没法为自己欢呼了，她的成绩仅排在第四位，以微弱的差距输给了马文的堂弟条纹四鳍旗鱼马龙。"他有金牌，我有模样。"马龙说着炫耀起他那令人赏心悦目的条纹鳞片。

小而威猛

大猩猩格丽塞尔达在举重比赛中输给了三个体形比她小很多的对手，面对这一结果，她多少有点生气。"好好看看，"她抱怨道，"我举起了2500千克的重量，足足有30个人重。这比那些小矮子举起的重量重多了！"格丽塞尔达说得有道理。可是，裁判指出，2500千克只是格丽塞尔达自身体重的10倍。螳螂德鲁虽说拖着一小团便便在地上走来走去就获得了金牌，但那团便

便却是他自身体重的1141倍。象鼻虫雷吉举起了超过其自身体重850倍的木块。勇夺铜牌的切叶蚁莱斯利则举起了超过其体重50倍的叶子。抱歉，格丽塞尔达，不过至少你晚餐不用吃便便！至于德鲁，祝你胃口大开！

大猩猩档案

身长：
1.2~1.7米
体重：
130~160千克

外貌： 长着黑色皮毛的大块头，前爪像人类的手，眼睛较小，肩膀宽大。

栖息地： 非洲中部的山地和低地生活着许多大猩猩。

饮食： 主要吃树叶，再搭配一点好吃的水果。

生存状况： 所有大猩猩都濒临灭绝，山地大猩猩更是极度濒危。目前世界上仅存880多只野生山地大猩猩。

习性： 大猩猩过着群居生活，行为方式和人类很像——他们会笑，会难过，会思考过去和未来……别问我人类科学家怎么知道这些，他们就是知道。

趣味事实： 人类与大猩猩的DNA相似度高达98%，所以人类应该更加善待大猩猩。

---

22 # 连点作画

把下面这些点按顺序连起来，看看是谁赢得了花样游泳比赛冠军。

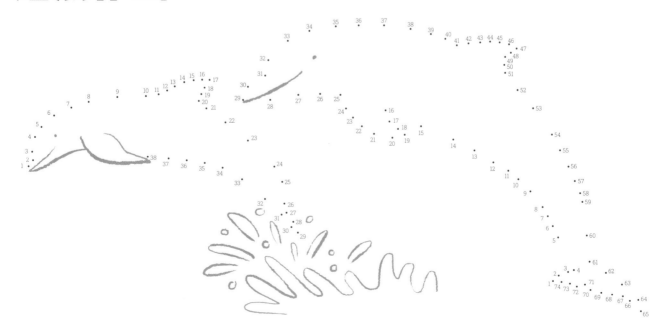

第六感

本周末，成千上万的观众齐聚一堂，观看"感官挑战大赛"。来自世界各地的动物们展示了他们如何用奇妙的身体来判断周围发生了什么。

"这次赛事集中展示了动物王国的动物们所拥有的惊人能力，从神奇的听力到绝佳的视力等，可以说是各有所长。"动物委员会主席大象伊莱解释道。和以往一样，大家对如何比较差异如此之大的技能争论不休。"你不能说某一技能就比另一种更好。"伊莱也同意这种说法，"裁判把评判重点放在了每种动物如何展示自己的特长上。"以下是一些参赛者的临场表现情况。

姓名：	物种：	参赛类别：
巴里	黑寡妇蜘蛛	振动检测

临场表现：

巴里挑战的任务是靠近两只雌性黑寡妇蜘蛛——布兰达和布琳达，然后找出谁吃掉他的可能性更小一些。与大多数蜘蛛一样，巴里虽然长着8只眼睛，但他的视力其实很差。他也没有鼻子和耳朵，听不了声音，也闻不了气味。但他的8条大长腿上布满了绒毛，可以察觉出最轻微的动静，甚至空气中的声波。这些绒毛还可以探测到雌性的气味，"读出"她们最近进食的时间，以及她们的饥饿程度。

裁判意见：很遗憾，巴里的腿没帮上忙。他以为布兰达是最安全的选择。大错特错！这些蜘蛛被称为"寡妇"是有原因的。安息吧，巴里。0分。

姓名：	物种：	参赛类别：
丹尼	宽吻海豚	回声定位

临场表现：

丹尼通过回声定位在海中游弋。他会发出一连串咔哒声，在水中发送声波。当这些声波遇到某个东西时，就会反弹回丹尼身上，他的前额能感觉到这些声波，并判断出那是什么东西，那个东西朝哪个方向前行，以及移动速度有多快。

裁判意见：尽管只能看到前方半米远的地方，丹尼仍然在水中优雅地游弋。他从回声的声调和速度准确判断出有一条鲨鱼正朝他游来。他挥动身上的鳍，向相反的方向飞速逃离，这条鲨鱼捕获猎物的愿望也随之落空。干得漂亮，丹尼！10分。

姓名：	物种：	参赛类别：
艾伦	北极燕鸥	方向感

临场表现：

艾伦9月从北极出发，于上周五下午茶的时间飞抵目的地，比预期用时更短。众所周知，北极燕鸥每年都要完成超长距离的飞行。他们追逐夏天的脚步，从地球的一极飞向另一极。在漫长的迁徙过程中，他们利用星星和独特的海岸线作为路标来判断方向。他们还能通过体内的一种化学物质感知地球磁场。太神奇了！这些长途飞行家一生的飞行里程可达240万千米左右，相当于从地球往返月球三次以上！

> **"相当于从地球往返月球三次以上！"**

裁判意见：艾伦飞行了40000千米，中途只休息了几次。这只鸟真的是在环游世界！11分。

姓名：	物种：	参赛类别：
科林	蟑螂	夜视能力

临场表现：

科林在比赛中险胜夜木蜂南希，成为本年度夜视能力项目冠军。"在几乎漆黑的环境下，我也能看见东西。"科林骄傲地解释道，"当我在碗橱下到处乱窜寻找食物时，这种能力就能帮上大忙！"

裁判意见：科林今年面临一些难缠的竞争对手——猫和眼镜猴在我们的评选名单中排名都很靠前，而且这两种动物都比蟑螂可爱多了。但我们最后还是放下了偏见，因为科林凭借夜视能力轻而易举就击败了所有对手。9分。（扣掉1分可爱分。）

W	G	E	P	H	I	S	O	U	N	D	T	B	B
I	T	B	I	F	L	T	G	S	H	K	M	F
D	A	S	P	I	D	E	R	U	T	S	E	R	R
O	L	O	C	H	Y	R	E	T	O	E	A	O
W	N	U	E	N	C	N	L	D	O	N	G	A	C
B	P	N	X	V	I	Y	R	A	L	S	T	C
G	M	D	O	L	P	H	I	N	B	E	A	H	H
C	O	C	K	R	O	A	C	H	S	T	L	G

26 你能从上面混乱的字母表中找出以下 8 个单词吗?

蜘蛛（SPIDER）燕鸥（TERN）
海豚（DOLPHIN）声音（SOUND）
蟑螂（ROACH）感觉（SENSE）
寡妇（WIDOW）蟑螂（COCKROACH）

24

现场测试!

你专心阅读了关于"第六感"的报道了吗? 现在不看报道, 看看你能否正确判断对错。

1. 北极燕鸥环游世界是为了追逐寒冷天气。

2. 猫有很强的夜视能力。

3. 蜘蛛有 8 只眼睛, 但视力并不好。

4. 雌性黑寡妇蜘蛛会吃掉雄性同类。

5. 蟑螂在黑暗中看不见东西。

6. 海豚利用嗅觉在水中导航。

狼蛛档案

身长: 11~28 厘米
体重: 28~85 克

👁 **外貌:** 像一只毛茸茸的可爱小猫, 只不过长着 8 条腿, 8 只眼。噢, 还有毒牙。

✛ **栖息地:** 害怕狼蛛? 那就别去中美洲、南美洲或非洲。狼蛛主要生活在洞穴中。他们有时会编织丝质门或绊网来探测猎物。生活在树上的狼蛛像生活在隧道一样的网阵中。

🍎 **饮食:** 不同种类狼蛛（狼蛛种类超过 700 种）的猎物各有不同 —— 昆虫、青蛙、老鼠或鸟类都是他们的食物。狼蛛会扑向猎物, 用毒牙注入毒液, 将猎物的内脏化成糊状, 然后一口吸食掉这些肉糊。

🖤 **生存状况:** 热带雨林遭到破坏, 使得某些狼蛛受到了影响, 但整体保护状况并不算太糟。

习性: 像我们一样狩猎、吃喝、睡觉, 偶尔上个厕所。

？ 趣味事实: 狼蛛会从腿部向掠食者射出蛛丝。这些蛛丝中含有的毒液足以杀死一只小型哺乳动物。啪! 一命呜呼!

测试答案

智力测试玩得怎么样？你用信鸽给我们送来答案了吗？如果已经送来了答案，就在这里对照一下正确答案吧！如果还没有，千万别作弊！我们盯着你呢，猎豹切斯特……其实，我们正在逃离你，而且速度很快。

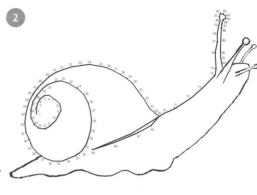

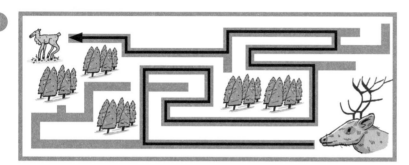

吸血蝙蝠	吸血蝙蝠	老虎	吸血蝙蝠	吸血蝙蝠	老虎
老虎	山羊	老虎	山羊	老虎	山羊
吸血蝙蝠	山羊	老虎	吸血蝙蝠	山羊	老虎

快速测试！

对 或 错 ？

1. 雄性老虎和雌性狮子能生出狮虎兽。

错——狮虎兽是雄性狮子和雌性老虎的宝宝。

2. 地球磁场呈东西向分布。

错——呈南北向分布。

3. 虽然名字叫吸血蝙蝠，但吸血蝙蝠其实不吸血。

错！

4. 霍加狓不善交际。

对！

5. 野山羊能跳 3 米多高。

对！

6. 吸血蝙蝠过着独居的生活。

错——吸血蝙蝠过着群居生活。

GINRASH SI
SHARING IS
RAGNIC
CARING

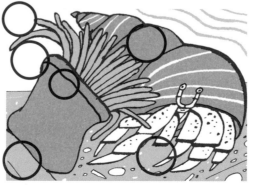

现场测试！

对 或 错 ？

1. 林鸱是南非的一种树。

错——这是一种鸟。

2. 得州角蜥大多数时候以老鼠为食。

错——得州角蜥吃蚂蚁。

3. 裸鼹鼠生活在严格的等级制环境中。

对！

4. 林鸱闭上眼也能看见东西。

对！

5. 海参能挤过狭小的缝隙。

对！

6. 长鼻猴以拥有大脑瓜而闻名。

错——长鼻猴以大鼻子闻名。

12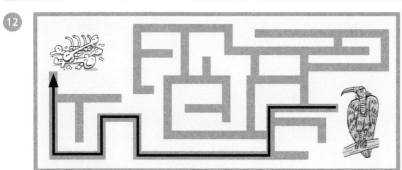

15

C	G	E	P	F	H	S	N
L	Q	G	S	H	K	E	W
A	A	B	R	S	C	E	O
W	M	A	C	A	W	D	U
X	A	L	T	E	N	S	N
H	E	U	T	G	P	G	D
Y	L	D	E	N	A	M	L

17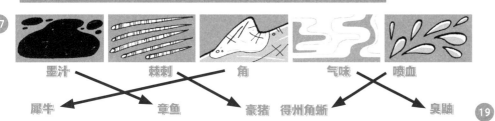

墨汁　　棘刺　　角　　气味　　喷血

犀牛　　　章鱼　　　豪猪　得州角蜥　　　臭鼬

18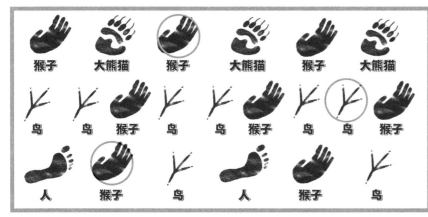

猴子　　大熊猫　　猴子　　大熊猫　　猴子　　大熊猫

鸟　　鸟　　猴子　　鸟　　鸟　　猴子　　鸟　　鸟　　猴子

人　　猴子　　鸟　　人　　猴子　　鸟

19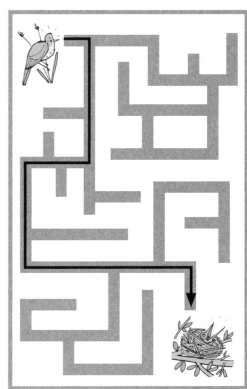

21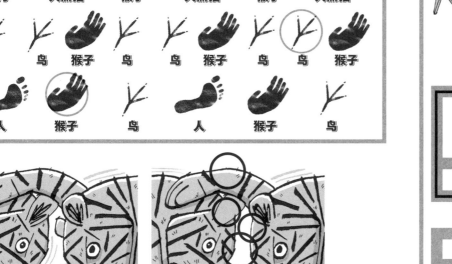

20

22

23

W	G	E	P	H	I	S	O	U	N	D	T	B
I	T	B	I	F	L	T	G	S	H	K	M	F
A	S	P	I	D	E	R	U	T	S	E	R	R
L	O	C	H	Y	R	T	O	E	A	T	O	A
W	N	U	E	N	C	N	L	D	O	N	G	C
B	P	N	X	V	I	Y	R	A	L	T	S	H
G	M	D	O	L	P	H	I	N	B	E	E	A
C	O	C	K	R	O	A	C	H	S	T	L	G

24 现场测试!

对　或　错　?

1. 北极燕鸥环游世界是为了追逐寒冷天气。

2. 猫有很强的夜视能力。

错——北极燕鸥追逐温暖天气

对!

3. 蜘蛛有 8 只眼睛，但视力并不好。

4. 雌性黑寡妇蜘蛛会吃掉雄性同类。

对!

对!

5. 蟑螂在黑暗中看不见东西。

6. 海豚利用嗅觉在水中导航。

错——蟑螂的夜视能力非常强

错——海豚利用回声定位

你是哪种动物？

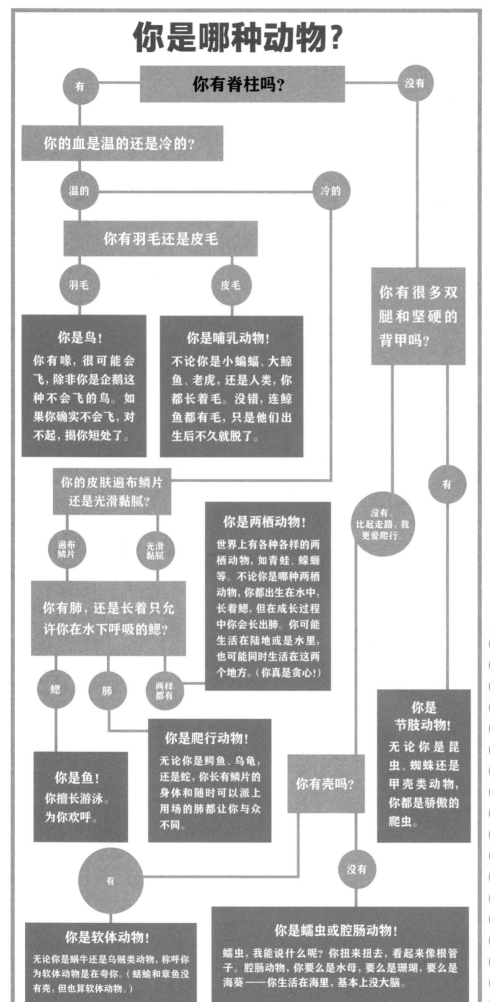

你有脊柱吗？

有 — 没有

你的血是温的还是冷的？

温的 — 冷的

你有羽毛还是皮毛

羽毛 — 皮毛

你是鸟！
你有喙，很可能会飞，除非你是企鹅这种不会飞的鸟。如果你确实不会飞，对不起，揭你短处了。

你是哺乳动物！
不论你是小蝙蝠、大鲸鱼、老虎，还是人类，你都长着毛。没错，连鲸鱼都有毛，只是他们出生后不久就脱了。

你的皮肤遍布鳞片还是光滑黏腻？

遍布鳞片 — 光滑黏腻

你是两栖动物！
世界上有各种各样的两栖动物，如青蛙、蝾螈等。不论你是哪种两栖动物，你都出生在水中，长着鳃，但在成长过程中你会长出肺。你可能生活在陆地或是水里，也可能同时生活在这两个地方。（你真是贪心！）

你有肺，还是长着只允许你在水下呼吸的鳃？

鳃 — 肺 — 两样都有

你是爬行动物！
无论你是鳄鱼、乌龟，还是蛇，你长有鳞片的身体和随时可以派上用场的肺都让你与众不同。

你是鱼！
你擅长游泳。为你欢呼。

你有很多双腿和坚硬的背甲吗？

没有，比起走路，我更爱爬行。 — 有

你是节肢动物！
无论你是昆虫、蜘蛛还是甲壳类动物，你都是骄傲的爬虫。

你有壳吗？

有 — 没有

你是软体动物！
无论你是蜗牛还是乌贼类动物，称呼你为软体动物是在夸你。（蛞蝓和章鱼没有壳，但也算软体动物。）

你是蠕虫或腔肠动物！
蠕虫，我能说什么呢？你扭来扭去，看起来像根管子。腔肠动物，你要么是水母，要么是珊瑚，要么是海葵——你生活在海里，基本上没大脑。

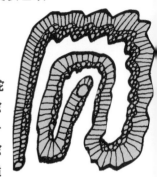

索 引

从头读到尾！

《陆地时报》既有严肃新闻，也有小道消息，所有陆地动物都应该看看。

本期看点

你是鱼还是哺乳动物？
有时候很难说清楚

带上你的护照
劳累过度的河马需要最舒适的水疗服务

活下去
避免灭绝的终极妙招

还有更多精彩内容！

精彩文章，可怕真相，趣味活动，尽在其中！

关注浪花朵朵
见识充满奇趣色彩的动物王国

陈列建议：自然、科普

ISBN 978-7-5596-5959-0

定价：118.00元（全三册）

动物记者大揭秘

浪花朵朵

海底新闻一网打尽

全三册

斯特拉·格尼 著

马修·霍德森

尼夫·帕克 绘

爱德华·威尔逊

高 译

③ 海洋时报

北京联合出版公司
Beijing United Publishing Co.,Ltd.

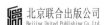

不完的新闻

小丑鱼的眼泪

什么不想与海葵为敌？

戏与测试

解之谜——

和海龟谁更聪明？

趣味专题读不停！

你会为了磷虾大开杀戒吗？

海洋最佳用餐地

超级迷宫！

NATURAL HISTORY MUSEUM

动物记者大揭秘

浪花朵朵

[英] 斯特拉·格尼 著　[英] 马修·霍德森　[英] 尼夫·帕克　[英] 爱德华·威尔逊 绘　尹楠 译

全三册

③ 海 洋 时 报

北京联合出版公司
Beijing United Publishing Co.,Ltd.

图书在版编目（CIP）数据

动物记者大揭秘：全三册 / (英) 斯特拉·格尼著；
(英) 马修·霍德森, (英) 尼夫·帕克, (英) 爱德华·
威尔逊绘；尹楠译. —— 北京：北京联合出版公司，
2022.5

ISBN 978-7-5596-5959-0

Ⅰ. ①动… Ⅱ. ①斯… ②马… ③尼… ④爱… ⑤尹
… Ⅲ. ①动物—儿童读物 Ⅳ. ①Q95-49

中国版本图书馆CIP数据核字(2022)第023901号

北京市版权局著作权合同登记　图字：01-2022-1130

审图号：GS（2021）6785号　　GS（2021）5329号

动物记者大揭秘（全三册）③

作　　者：[英]斯特拉·格尼　　　　　　　　　　绘　　者：[英]马修·霍德森　[英]尼夫·帕克　[英]爱德华·威尔逊
译　　者：尹　楠　　　　　　　　　　　　　　　出 品 人：赵红仕
选题策划：北京浪花朵朵文化传播有限公司　　　　出版统筹：吴兴元
编辑统筹：杨建国　　　　　　　　　　　　　　　责任编辑：徐　鹏
特约编辑：秦宏伟　　　　　　　　　　　　　　　营销推广：ONEBOOK
装帧制造：墨白空间·王茜　　　　　　　　　　　排　　版：赵昕玥

北京联合出版公司出版
（北京市西城区德外大街83号楼9层　100088）
北京利丰雅高长城印刷有限公司　新华书店经销
字数180千字　889毫米×1220毫米　1/16　6.75印张
2022年5月第1版　2022年5月第1次印刷
ISBN 978-7-5596-5959-0
定价：118.00元（全三册）

读者服务：reader@hinabook.com　188-1142-1266
投稿服务：onebook@hinabook.com　133-6631-2326
直销服务：buy@hinabook.com　133-6657-3072
官方微博：@ 浪花朵朵童书

后浪出版咨询(北京)有限责任公司　版权所有，侵权必究
投诉信箱：copyright@hinabook.com　fawu@hinabook.com
未经许可，不得以任何方式复制或者抄袭本书部分或全部内容
本书若有印、装质量问题，请与本公司联系调换，电话010-64072833

编者寄语

亲爱的读者，欢迎打开第一期《海洋时报》。我已经耗费了 52 年制作这期报纸，但对于已经 272 岁高龄的我来说，这 52 年实在是微不足道。说实话，在最初的几十年里，我四处遨游，寻找记者——海洋可真是个又老又大的地方。后来，我又花了 10 年，想办法让报纸防水，但我并没想出好办法。所以请尽量在陆地上看我们的报纸吧，趁着换气的工夫好好看，只要别被海鸟吃掉就好。或者，你也可以请一位友好的哺乳动物，在浮冰上为你大声朗读标题。我保证我们的报纸值得你这么做！本期报纸中有来自最深、最暗处的报道，也有关于海洋生物如何与人类和谐相处的真知灼见，还有许多有趣的小测试和谜题——当你一生的时间都花在避免被吃掉上，你就需要给自己找点乐子。我说的对吗，磷虾？

祝愿你的鳍永远帅气，
你所在的海域永远有盐分。

（除非你是鲑鱼——参见第 26 页）

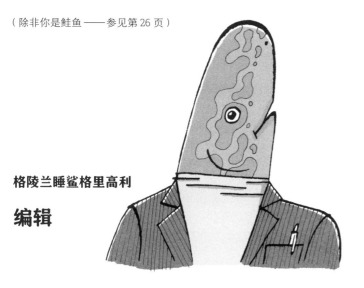

格陵兰睡鲨格里高利

编辑

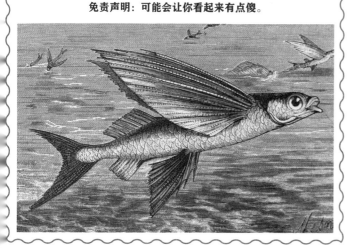

水翼！

看厌了飞鱼炫耀他们灵巧的鱼鳍？希望自己能跃出水面躲避掠食者？试试全新水翼吧！它们的颜色丰富多彩，可完美搭配各色鳞片。

免责声明：可能会让你看起来有点傻。

人类问题：紧急状态委员会成立

石油泄漏、有毒废物、污水排放、过度捕捞、垃圾泛滥……

我们的世界就是一个巨大的水池，但并不是地球上所有居民都这么认为。

海床上的一些隆起物升出水面，形成我们所知的陆地。生活在这些干燥地区的居民认为，陆地比海洋重要——尽管陆地面积仅占整个地球面积的30%左右。陆地上最强大的居民当然是人类。他们对我们的世界有着巨大的影响力，所以我们不得不成立紧急状态委员会，以应对所谓的人类问题。

"坦白说，过去几百年来我们面临的大多数问题都是人类造成的，"新成立的紧急状态委员会主席石纹电鳐温妮表示，"不过，别担心，我们有安排。我们正号召整

石纹电鳐温妮是紧急状态委员会主席。

个海洋界与人类搭建沟通的桥梁——这只是个比喻的说法，并不是说真的要搭建桥梁啦，因为大多数海洋生物离开了水就无法呼吸。"

委员会副主席蝠鲼马乔里对此表示赞同："希望人类能更了解海洋生物，更爱护我们。海豚已经和人类相处多年，看看人

类多喜欢他们。没错，海豚与人类之间的确存在某种天然的联系——他们都是哺乳动物，但是我们不能因为这一点就放弃与人类交好。我们建议所有海洋生物都与人类交朋友。我们需要更好地了解人类，这样我们才能影响他们的行为。"

一个人类。注意那双会反光的大眼睛和直立的鼻子。

---

❶ 画出更美好的未来

想象是成功的关键。构思并画出一幅你与某个人类开心玩闹的画面。可以画你们一起在水下打网球，或是在海藻丛中捉迷藏的画面。总之，只要是开心的画面，画什么都行。

对于没有触角的动物来说，画画可能是个挑战。如果你只有鳍，可以尝试用嘴咬着笔作画。

人类眼中的 海洋

在我们海洋生物看来，地球上只有一个海洋，但人类却把它分成了五个不同的海洋*，这样他们可以更容易绘制"地图"，也更容易在大海中找到方向。

*2021 年 6 月 9 日，美国《纽约邮报》报道，美国国家地理学会 8 日庆祝"世界海洋日"的到来，同时宣布，南极洲周围海域将被称为南大洋，也就是世界第五大洋。

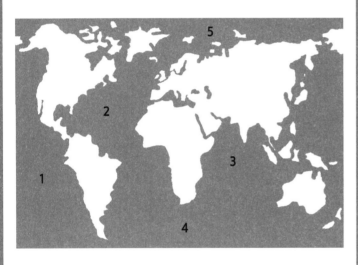

五个不同的海洋，按从大到小的顺序排序：

1. 太平洋：最大、最深的海洋，几乎占地球面积的一半。太平洋里有大堡礁（珊瑚礁群）、马里亚纳海沟（地球上最深的地方）、环太平洋火山带（火山群）。

2. 大西洋：被大西洋中脊几乎分成两半。大西洋中脊是一条漫长的海底山脉。

3. 印度洋：最温暖的海洋，而且一直在变暖。印度洋的含氧量是最少的，我们中有些海洋生物很难在那里生存。

4. 南大洋：世界上 90% 的冰集中在这里，同时也是很多企鹅的家。

5. 北冰洋：最小、最浅、最咸的海洋。北冰洋几乎全年处于冰封状态，但现在那里的冰块已经开始融化——对生活在那里的北极熊来说，这是个坏消息。

本书插图系原文插附地图

测试角

测试时间到！完成每页都有的小测试，把你的答案通过鲸鱼的歌声传送给我们，赢取一年的浮游生物大餐奖励！

浮游生物档案

身长：不长
体重：非常轻

👁 **外貌**：浮游生物多种多样。大多数浮游生物身体透明，体形很小，肉眼几乎不可见。

✛ **栖息地**：无论是淡水或咸水，这些小家伙都能生存。他们通常在靠近水面的地方生活，那里食物要多一些。

🍎 **饮食**：他们吃什么？他们通常以彼此为食，或是吃其他漂到他们嘴边的微生物。如果没有这些东西，他们几乎见什么吃什么——便便、死皮、海藻……

❤ **生存状况**：一些浮游生物，比如南极磷虾，他们是鲸鱼和海豹的食物。南极磷虾的食物则生长在海冰下。由于海冰正在融化，磷虾也在不断消亡，这意味着鲸鱼和海豹的食物也在减少。

🜂 **习性**：在海中四处漂游。

❓ **趣味事实**：浮游生物是食物链中重要的一环，无数海洋生物都以他们为食。

世界新闻

我们的记者为你带来了全球海洋的最新动态。想知道你身边的海域有什么新情况吗？阅读新闻，找出答案！

波罗的海

石油泄漏和过度捕捞导致该片海域部分物种濒临灭绝。

墨西哥湾

农业肥料流入该片海域，造成这片海域没有足够的氧气，许多海洋生物都无法生存，因而形成了一片"死亡地带"。所以，请避开这片海域！

加勒比海

从远处看很美，但并不适合游泳，因为这里污染严重，污水横流。

地中海

小心！这一小片海域有毒，污染严重！

环太平洋火山带

不，我们可不是在形容海参排出体内有毒内脏之后的屁股。环太平洋火山带上有 450 多座火山。世界上 90% 以上的地震都发生在这一地带，这是因为构成地壳的两大板块在这里交汇。两大板块一起移动，彼此摩擦，掀起一波波巨浪。

海底奇观

构成地壳的两大板块在大西洋中脊处交汇。海水沿中脊裂缝渗入地壳，被加热后喷发，仿佛沸腾的喷泉。"喷泉"所含的矿物质在"喷泉"四周形成一个个烟囱状喷口。人类称之为热液喷口。

❷ 海牛迷宫

帮这只海牛穿过这座海底迷宫，与他的朋友相会。小心轮船！

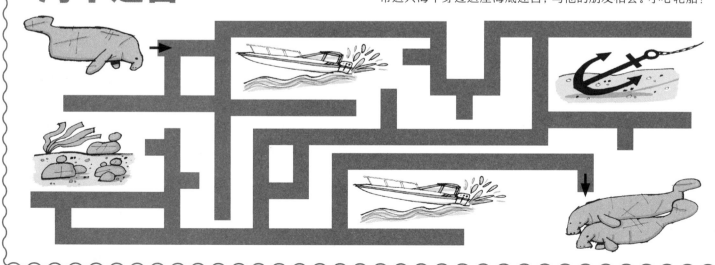

海带的好处

这里有大量食物，即在海岸线附近的浅海区域生长的大量海带（一种海藻）。由于海带释放出大量氧气，这片海域十分舒适。请尽情呼吸吧！

一路向下

最深处，也就是人知的马里亚纳海沟，达 6~11 千米。海沟的水压很大，一不小你就可能被压扁。

印度洋

00 年间，这片海洋急剧上升，还出现塑料和化学污染物。吃进嘴里的东西！

海啸

地震发生时，地壳移动、分裂或碰撞的力量会催生出巨浪，人类称之为海啸。海啸浪高可达 520 米，相当于 21 头蓝鲸首尾相连的高度。

本书插图系原文插附地图

泡泡水疗

限时提供！

新西兰沿海一带发生地震后，被困在地壳下面的天然气泡咕嘟咕嘟往上冒。在浅海中翻滚，让小气泡按摩按摩你的尾鳍，咧开你的鳃咯咯笑起来吧！

3

找词游戏

从下面混乱的字母表中找出世界五大洋的单词。

太平洋（PACIFIC）印度洋（INDIAN）北冰洋（ARCTIC）
大西洋（ATLANTIC）南大洋（SOUTHERN）

U	V	L	U	N	H	T	A	I
P	A	C	I	F	I	C	R	D
L	W	X	T	B	R	W	C	I
T	P	E	R	H	Q	C	T	N
Z	X	B	P	G	Y	N	I	D
A	T	L	A	N	T	I	C	I
N	Q	W	F	J	O	F	S	A
D	S	O	U	T	H	E	R	N

河鲀档案

身长： 最长达 90 厘米

外貌： 不同种类的河鲀有大有小，外表或五颜六色，或黯淡无光，但他们的头部都很圆。

栖息地： 不挑剔栖息地。河鲀的种类超过 120 种，他们生活在世界各地，有的甚至生活在淡水中。

饮食： 非常丰富。他们喜欢吃藻类、海葵、海参、水母。

生存状况： 无危状态，即不用担心他们的安危。他们都有剧毒，大家都不想吃他们。

习性： 遭遇危险时，他们的腹部会塞满空气和水，把自己膨胀成几乎不可能被咬住的圆球。

趣味事实： 一条河鲀体内含有的毒素足以杀死 30 个人，而且无药可解！

一路向下

海洋的大部分区域都很深，事实上这个比例大概有 90%。但我们大多不太清楚海洋深处究竟有什么，因为我们都比较喜欢在靠近海面的地方游荡，那里被阳光照得很温暖，而且有很多食物。下面说说海面下面究竟有些什么。

光合作用带

这里接收到的阳光足以让生物进行光合作用。生物需要借助光合作用将阳光转化为能量。

中层带

这里也被称为黄昏区。阳光可以照射到这一区域，但也只能照射到这么深的地方了。生活在这里的动物通常长着大大的眼睛，以便充分利用光线。他们中的大部分自身也会发光——他们的身体会产生一种化学物质，这种化学物质会与氧气发生反应而发光。其实，我们中的大部分海洋生物（这个比例大概有 90%）都有这种能力。所以，下次当你体内感到温暖时，那就是你自己在发光了。

深层带

这里没有光，所以也不暖和。从这一带开始，海水变得寒冷刺骨。白天，大量鱼类、乌贼和甲壳类动物生活在深层带，但到了晚上，他们会在夜幕的掩护下游到较浅的海水层觅食——这种现象称为"昼夜垂直迁移"。

深渊带

海洋的大部分区域都能达到这么深。这里也是地球上最大的美食天堂。这里是死去生物的聚集地，有充足的食物，可让海洋生物饱餐一顿。

超深渊带

你必须非常强壮才能下到这么深的地方。这里到处是深海海沟，海水更冷，水压更大，超出我们大多数海洋生物的承受范围。那些能在此处生存的海洋生物，你们有这种能力没准儿是件幸事呢。

④ 找不同 下面 10 条狮子鱼中有 1 条与众不同，你能找出是哪一条吗？

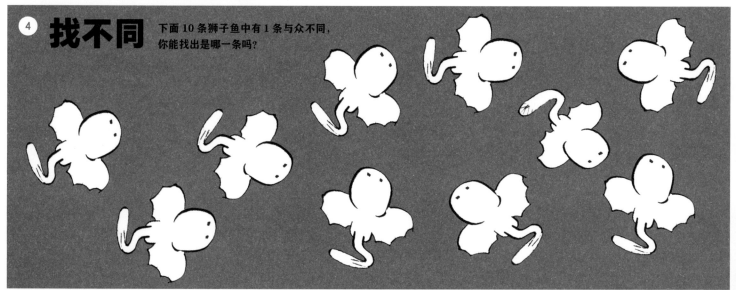

欢迎来到海底世界

想知道海底世界是什么样子吗？听听来自最黑暗深处的三位居民是怎么说的吧。

不堪重负
狮子鱼萨米

就我自己而言，我喜欢这种感觉，但这么深的地方还是有些恐怖。这里几乎没有氧气，仅有的那点氧气也是几百年来从海面上一点点渗下来的，很不新鲜。这里没有光，也就意味着这里没有植物，没有植物就意味着除了一些沉淀下来的死物，食物少得可怜。这里的水压以吨计——丝毫不夸张。确切地说，这里每立方厘米的水就重达一吨。这里也没什么社交活动，我们看不见彼此，因此很难保持联系。我想说的是，生活在海底真的很孤独。不过这里一直十分安静，哪怕上面波涛汹涌。

海底深处的爱
鮟鱇鱼阿奇

大家都说寻找一个理想中的女孩很难，但这对我们鮟鱇鱼来说并非难事。如果我看到一条雌性同类闪闪发光，我就会从侧面咬住她，然后附着在她身上。我承认这不怎么浪漫，但这招很管用。我将在她身上度过我的余生，或者说是她的余生。这样一来，"直到死亡将我们分开"这句话就有了全新的含义。我从她的血液里获得我所需要的所有营养，所以我可以尽情放松下来，闲看时光流逝。有时候也会有另一个雄性同类附着在她的另一侧，我也算是多了个伴儿吧。我和那个家伙彼此之间无法交流太多，但知道另一侧有个伴感觉还是不错的，哪怕我看不到他。

压力重重
水滴鱼贝蕾妮丝

浅水生物总对我们深海生物的长相评头论足，这让我们备感沮丧。没错，我们大多数看起来就像一块果冻，但我们必须长成这样，才能承受巨大的水压。没错，我们大多数都长着巨大的下颌，用来在海底挖掘死物。没错，我们大多数的样貌就像你噩梦里梦见的东西。但是，这些跟你有什么关系？

鮟鱇鱼档案

身长：
20 厘米 ~1 米

体重：
最重可达
50 千克

👁 外貌： 世界上所有丑陋外貌特征的集合体。

✛ 栖息地： 深层带和深渊带，但也有些生活在较浅的海域。

🍎 饮食： 毫无戒备之心的可怜小鱼，外加乌贼，甚至是小海龟。

❤ 生存状况： 处于无危状态。他们暂时很安全，没什么鱼类或人类想去打扰他们。

☯ 习性： 生性狡猾。他们张着大嘴，头顶吊着灯游来游去，等着某个可怜的傻瓜游过来看看这个闪闪发亮的东西是什么，然后 ——嘎吱一口！

❓ 趣味事实： 这些可怕的家伙可以长到1米长。啊！

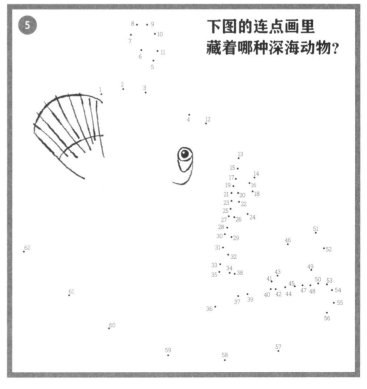

5 下图的连点画里藏着哪种深海动物？

来自深海狩猎者协会的报道

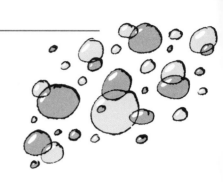

皱鳃鲨弗雷德里克报道

作为深海狩猎者协会主席，我很高兴与《海洋时报》的读者分享几千年来我们深海动物进化出的一些捕猎利器。

你可以想象一下，深海深处有多么冰冷，多么黑暗。这里的大多数动物都吃海底的泥沙。他们整天张着大大的嘴巴，游上游下，翻来覆去地搅动海床。许多深海动物都看不见东西，而且这里也没东西可看。大多数深海动物行动非常缓慢，以便在冰冷的海水中节省体力。这样的环境下，想成为猎手必须随机应变，想生存下来则必须适应环境。

巨齿

对我们中的许多深海动物来说，进化出两排钢针一样的巨齿非常有用，对鲛鳒鱼、狼鱼以及鱼如其名的尖牙鱼而言尤其重要。事实上，尖牙鱼范格斯的牙齿占据了他身体的大部分。由于害怕尖牙伤害到自己，这个可怜的家伙都不敢闭嘴。这些小家伙们游动时都是张着嘴直来直去。嘎吱！

尖牙鱼范格斯：外形恐怖。

大嘴

又一个伟大的进化利器：铰链颌。因为我们生活的地方太黑了，我们会吃任何从我们身前经过的家伙，不管那家伙有多大。深海龙鱼，嘴巴几乎能张成一条直线。有趣的家伙。

生物发光

生物发光?! 虽然这是这颗星球上最常见的生物通信行为，但解释起来有点麻烦。它的工作原理是这样的：我们深海狩猎者的体内会发生一种化学反应，让我们像灯一样发光。发出的光有助于我们看东西，同时还能吸引其他鱼类。他们会朝我们游过来，心里想："哇！这是什么光啊？"然后他们就无法再思考了，因为我们已经把他们吃掉了。

伸缩胃

当你在深海遇到食物时，必须尽可能多吃一点，因为你永远不知道下顿饭在哪里。因此，拥有一个可以伸展到比原先大数倍的胃是很有帮助的。黑叉齿鱼是我们中间最厉害的一个狩猎者。不夸张地说，有时候他吞下的东西比他能嚼烂的东西还要多。有时候他吃得太多，无法完全消化，食物就在他的胃里腐烂，产生大量气体，使得他的身体膨胀到可以浮在海面上。他甚至会吃得太多把自己撑爆。真恶心。

一条鲛鳒鱼在炫耀。

灵敏的鼻子

"鱼用什么闻东西？"*"难闻！"这算是老笑话了。实际上，我们鱼类会通过嘴巴上面的小孔闻东西，而且我们的嗅觉非常敏锐！我们可以嗅出几千米外的食物味道，甚至可以嗅到远在大洋另一头食物的味道。我可以告诉你，在漆黑的环境下，这种能力大有用武之地。

小胃口

如果想尽办法都没吃到东西，我们还有一个绝招——挨饿。巨型等足类动物可以在不吃东西的情况下存活5年。真厉害！

> **"巨型等足类动物可以在不吃东西的情况下存活5年。"**

* 此处原文为"How does a fish smell?"，也可以翻译为："鱼闻起来怎么样？"——译者注

蓝鲸档案

身长：
24~30 米
体重：
140000 千克
以上

👁 **外貌：** 你要站在很远的地方才能看清这个家伙的全貌。他是目前最大的动物！

✛ **栖息地：** 遍布各大洋。

🍎 **饮食：** 蓝鲸体形巨大，但他喜欢吃的东西却很小。他喜欢吃磷虾，一天大约能吃 4000 万只！

💔 **生存状况：** 一度处于濒危状态，但由于人类颁布了禁止捕杀蓝鲸的法律，现在情况有所改善。

☯ **习性：** 除交配季外，蓝鲸通常单独或两三头一起生活。交配季时，雄性蓝鲸就像癫皮狗一样跟着雌性蓝鲸。如果另一头雄性蓝鲸也想跟着这头雌性蓝鲸，两头雄性蓝鲸就会展开竞速，有时候会一不小心冲到浅水区，这时候雌性蓝鲸会头也不回地游走。唉！

❓ **趣味事实：** 他们常常能活到 100 多岁！

⑥ 现场测试！

对 或 **错** ？

1. 深海巨大症是由大量进食引起的。

2. 生物发光是因为吞下了小型 LED 灯泡。

3. 蓝鲸能活 100 多岁。

4. 鱼通过鳃呼吸。

⑦ 敢想敢画

海洋中有些地方非常深，我们甚至还没机会见到生活在那里的所有奇妙生物（大多数长得有点奇怪）。请画出你能想象的最奇妙的海洋生物。

深海巨大组

嗨！我们是一个非常友好的组织，成员每个月的第二个星期五聚会，大家一起聊天、逗乐，享受身体巨大的乐趣！没人知道我们为什么会患上深海巨大症——也许是因为水太冷，也许是因为水压过大或缺少食物。不管什么原因，我们就长这么大了，我们就这样了，习惯就好！你也很大吗？已经厌倦跟那些小家伙们混在一起了？快来加入我们吧！

成员： 等足类伊基，管虫托比，蜘蛛蟹萨莉和乌贼萨曼莎。

鳕鱼档案

身长：70-200 厘米
体重：20-100 千克

👁 **外貌**：跟普通鱼类没啥两样。准确地说是条绿色和褐色相间的鱼。

✛ **栖息地**：按产地来分，主要有大西洋鳕鱼和太平洋鳕鱼两大类。两种鳕鱼都喜欢在礁石较多的深海中游弋。

🍎 **饮食**：蓝鳕鱼擅长捕猎，几乎什么都吃——鲱鱼、黑线鳕、甲壳类动物等。他们饿极了甚至会吃比自己小的同类。

♥ **生存状况**：唉，情况不太好。人类喜欢吃鳕鱼（搞不清楚其中的原因，他们的肉没啥味道啊），疯狂捕捞这些可怜的家伙们。世界各地的鳕鱼都已处于濒危状态。

☯ **习性**：非常善于交际——鳕鱼总是成群结队地游动。每年他们都要游回 300 千米外的地方繁育下一代，一路上他们会聊得很开心。

❓ **趣味事实**：有些鳕鱼身长超过 2 米。

人类

紧急状态委员会成立后，《海洋时报》发表了一份言辞激烈的报告，控诉人类破坏了海洋生物种群。

撞船丧命

有太多的海洋生物被急速行驶的船只撞死。露脊鲸的死亡有半数是由船只撞击造成的。每年仅在美国佛罗里达州沿岸就有大约 90 头海牛被撞死。

渔网危机

我们都会捕猎，但人类捕猎的数量远远超过了他们的需要。渔民会将渔网撒入海中好几天，导致许多海洋生物丧命，而许多死去的海洋生物又会被扔回海里。

噪声破坏

鲸鱼、海豚和其他哺乳动物使用回声定位——通过接收碰到障碍物时反射回来的声波，判断周围海域有什么东西。但是，来自轮船和石油钻井平台的噪声导致这些动物无法听到回声，更别提利用回声寻找食物了。

❽ 下一个是什么？

你能说出每组图案中缺失的那个图案是什么吗？

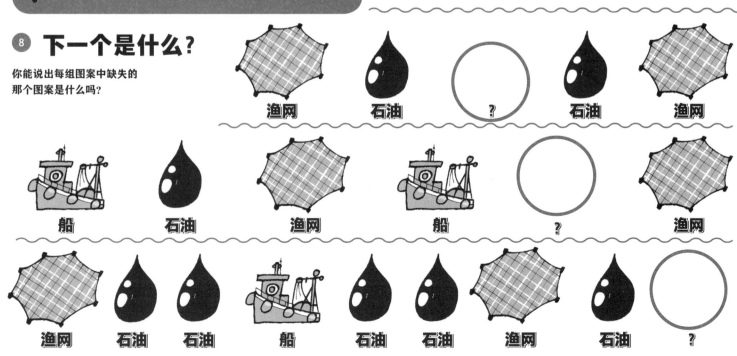

渔网　石油　？　石油　渔网

船　石油　渔网　船　？　渔网

渔网　石油　石油　船　石油　石油　渔网　石油　？

造 的 问 题

漏油致死

我们都听说过石油泄漏事故——人类钻探这种燃料时，意外将黏稠到令人窒息的石油泄漏到海里，导致海洋生物死亡。但愿我们再也不会经历这样的灾难。

岌岌可危

总的来说，我们的水资源状况越来越糟糕。我们不想要的东西越来越多，想要的东西却越来越少——温度更高，浮冰更少，食物也更少；捕捞更多，空间更少。这些问题在很大程度上源于全球变暖。这是谁的责任？就当是人类的责任吧。

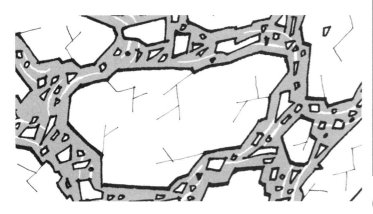

死亡禁地

即使人类认为他们只是专注于自己的事情——在土地上种自己所需的食物，这些讨厌的家伙还是制造了各种问题。他们施用的农业肥料流进了河流，汇入了大海，形成了厌氧区域，没有任何动物可以在那里生存。

紧急状态委员会的官方建议

↓　　↓　　↓　　↓　　↓　　↓

你能做的事情：

避开人类的"船"。如果你看到一张网，赶紧游走——除非你想被吃掉，但你不可能这么想。单个人类的威胁通常比较小。如果你与他们"狭路相逢"，可以这么做：

· 尽量让自己看起来"可爱一点，如果可以的话，也要让自己看起来软萌一点。人类喜欢可爱的东西。水滴鱼和鮟鱇鱼请尽量藏在海底。那里那么黑是有原因的。

· 从他们身旁擦身而过，蹭一下他们的脚趾。注意：这条不适用于水母。

· 好好表演一番，展示你的各种技能。你能在黑暗中发光吗？那就亮起来！擅长花样游泳？那就游起来！

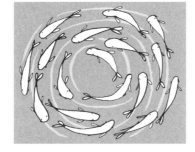

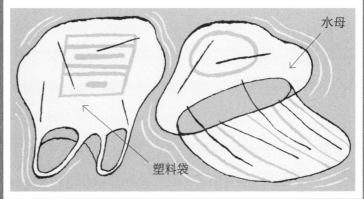

警告

据猜测，超过 50% 的海龟会将塑料袋错当成水母吞食！别像他们一样。学会如何区分两者的不同吧：

水母

塑料袋

---

⑨ 快速测试！

对 或 **错** ？

1. 在佛罗里达州，每年有 9 头海牛被杀死。

2. 海牛是指穿着 T 恤衫的人。

....

3. 农田里的肥料会污染水。

4. 鲸鱼和海豚是哺乳动物，而非鱼类。

....

5. 渔网捕捞的鱼类数量超过了人类所需。

6. 石油泄漏有利于保持鱼类皮肤的水分。

....

了解你的敌人！

觉得自己像大海里一条不起眼的小鱼？嗯，这可能是因为你本来就是一条小鱼！你的身后总是跟着一条张着嘴的大鱼——也可能是一只海鸟，一头海豹。但不要绝望！下面分享一些能让你不被吃掉的妙招。

与环境融为一体

如果你想一来就不被发现，伪装是最好的办法。比目鱼和鳎鱼等鲽形目鱼类会躺在海床上，与砂石混在一起。他们与砂石颜色相近，就算你刚好路过他们，也不会发现他们。

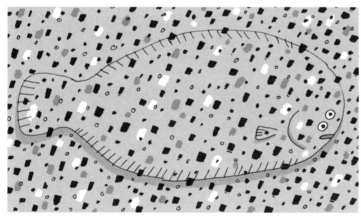

一条比目鱼——没人发现她。

急速游走

小鱼在这方面很占便宜——尾巴一摆，这些滑不溜秋的小家伙就游走了。飞行是另一种超能力——它可以让你飞出困境，让你的天敌知难而退，打道回府。挥动鱼鳍，创造奇迹吧！

团结就是力量

小鱼都明白，数量越多越安全——所有种类的鱼中，有80%的小鱼会成群结队地游动，而成年鱼这一数字仅为20%。这意味着，如果有掠食者攻击鱼群，他能选择的目标更多，而选择你的可能性则更小！不仅如此，一群鱼聚在一起看起来就像一条更大的鱼，能迷惑掠食者，将他们吓跑。

朝他们戳一下

如果你想彻底摆脱掠食者，可以试着用锋利的东西戳他们一下。需要点灵感？看看像手术刀一样锋利的刺尾鱼尾柄，像气

小心！石鱼有毒刺。

球一样鼓起来的河鲀棘刺，像剑一样致命的赤虹尾部。最厉害的当属有毒的石鱼棘刺——石鱼可是海洋中最危险的鱼类。

躲进洞里

如果其他方法行不通，那就躲进洞里吧。后颌鱼和虾虎鱼会挖带很多入口的洞，方便他们迅速逃离。一些鳗鱼和玻甲鱼在必要时会把自己埋在沙子里。

苗条之选

如果你很瘦，那就滑进岩石上的小缝隙里，等你的掠食者灰心丧气地打道回府后再出来。如果你无法就近找到缝隙，那就在掠食者紧追不舍的时候迅速转动游开。你游动的路线越迂回曲折，你的天敌就会越快放弃。

抓住小丑鱼的机会不大。

10 快速测试！

对 或 错 ？

1. 多数海葵生活在深渊带的深海中。

....

2. 如果你上半身是浅色，下半身是深色，你就有一身很好的伪装色。

....

5. 刺尾鱼的名字来源于他那条像手术刀一样锋利的尾柄。

....

水滴鱼档案

身长：
30 厘米
体重：
10 千克

外貌： 一言难尽。他生活在漆黑的海洋深处。他在那里看起来可能很普通，但当他被带到压力较小的陆地上时，看起来就像一坨鼻涕——抱歉这么形容你，水滴鱼。

栖息地： 澳大利亚和新西兰周围的海底深处。

饮食： 来自海底深处的东西——主要是深海甲壳类动物，或一些海洋生物的尸体。

生存状况： 濒临灭绝。深海拖网渔船经常误捕水滴鱼，这些可怜的家伙常常因此丧命。他们既不被人需要，也不招人喜欢。

习性： 悬浮。他们主要由凝胶状物质构成，没什么肌肉，无法经常游动。

趣味事实： 水滴鱼曾被人类选为世上最丑的生物。这也太不公平了，他们被评为最丑的生物是基于他们离开水时的样子。况且，人类自己就是长相怪异的物种。

有敌人？
让他们尝尝海葵的滋味！

飘逸、摇曳，像花一样美，但却可以致人死命！

如果你想给你的敌人来一份难忘的礼物，让他们因此而丧命，那就给他们买一只海葵吧。他们会被毒液麻痹，然后被活活吃掉！这可是情人节的最佳礼物。

海豹认证

海豹在陆地上看起来可爱笨拙，他们长着褐色的大眼睛和可爱的胡须。但是，一旦进入水中，一切就都变了——敏感的胡须可以帮助他们寻找猎物，他们中的一些还能潜到水下深处，并在水下停留长达 1 小时。海豹确实有真本事！

⓫ # 画出最可怕的家伙

直面你的恐惧，画出你能想象到的最可怕的掠食者。画完后，即使你很害怕，也要看着他的眼睛大叫："我不怕你！"

海洋之城

珊瑚礁——明艳、亮丽、繁盛,世界各地的热带海域都可以见到这种五颜六色的、充满枝条和洞穴的结构。这种结构为整个海洋 1/4 以上的动物提供了栖息之地。

然而,珊瑚礁只占海洋表面的 0.1%,加之我们海洋生物都在全力争夺空间和食物,必须运用智慧,随机应变,才可能争得这种栖息地。我们试图走访一些住在珊瑚礁里的动物,问问他们,珊瑚礁里的快节奏生活是什么样的。但当我们去提问的时候,他们都走了。最后,翻车鲀西蒙和河鲀戈登好心停了下来,向我们介绍了他们的生存秘诀:

"我强烈建议你把自己变得巨大,"西蒙慢条斯理地说道,"我是世界上骨量最大的鱼,这是个很大的优势,再加上我的皮很厚,可以让几乎所有的掠食者知难而退——除了奇怪的鲨鱼。"

"我嘛,我喜欢用空气和水迅速填满我的胃,直到它膨胀到正常大小的 30 倍左右。"戈登急匆匆地说道,"这样我就会变得圆滚滚的,让掠食者无从下口。另外,我全身都有毒,大多数掠食者连尝都不敢尝一口!哈!"说完,他一摆尾巴就不见了。

戈登和西蒙看上去有点惊讶。

珊瑚虫(polyp)属于珊瑚虫纲,是十分柔软的微小生物。他们附着在海底,让许多人误以为他们是植物。他们以水里的浮游生物和其他营养物质为食,分泌出坚硬的外骨骼,这些骨骼彼此连接,哪怕珊瑚虫死后也会连在一起。随着时间的推移——有时候要经过几千年时间,数百万这样的小骨骼一个接一个堆积起来,形成我们熟悉和喜爱的珊瑚礁结构。

⑫ 找鱼!

你能从右边的珊瑚礁里找出以下四种海洋动物吗?小心鲨鱼——他看起来爱咬人。

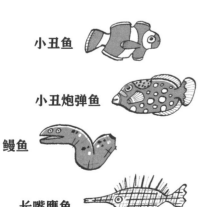

小丑鱼

小丑炮弹鱼

鳗鱼

长嘴鹰鱼

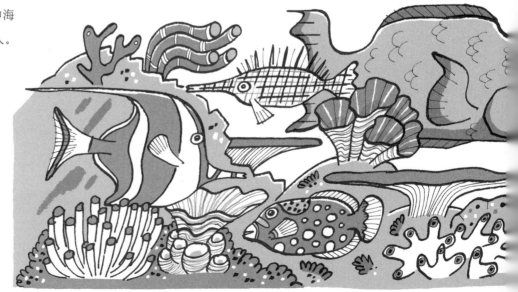

小丑鱼档案

身长：
100~150 毫米
体重：
约 250 克

👁 **外貌：** 身有条纹，颜色明丽，像一条彩虹——不过大多数只有白色和橙色。

✛ **栖息地：** 喜欢生活在珊瑚礁里，也喜欢生活在温暖的热带海域，穿梭于大型海葵的有毒触手之间。

🍎 **饮食：** 主要在海葵触手上寻找微小寄生虫和动物尸体残余。

💔 **生存状况：** 考虑到被人类绑架到鱼缸里的鱼中有近一半是小丑鱼，他们的保护状况还不算太糟。

☯ **习性：** 小丑鱼多数时候和他们最好的朋友海葵一起玩。他们让海葵保持清洁，把那些吃海葵的鱼赶跑。海葵的毒刺则能保护他们免受掠食者的伤害。

❓ **趣味事实：** 小丑鱼身上覆盖着一层黏液，所以海葵的毒刺不会伤害到他们。真棒！

战争一触即发！

你可能会认为水螅虫是微小、无害的可悲动物，但你最好不要这么想，不然你可能小命不保。当他们集结起来的时候，就会变得很厉害，而僧帽水母就是其中最厉害的一种。僧帽水母看起来像水母，但其实并不是水母，当然也不是人，虽然名字里有人这个单词，而且他们就像人类一样狡猾多变。* 僧帽水母实际上是水螅虫的集合体。他们有一个充满气体的浮囊，能在水面漂浮，浮囊下面则拖着长长的带刺触手。任何触碰这些触手的可怜家伙都将与这个世界永别。所以，千万别去碰他们！

* 原书中僧帽水母英文名为 Portuguese man o'war，其中 man 的意思是"人"，war 的意思是"战争"。——译者注

⑬ 这个单词是什么？

《海洋之城》那篇文章中曾出现这个词，但字母顺序已经被打乱。你能让它恢复原样吗？

Y L P P O *

＿ ＿ ＿ ＿ ＿

* 拼出来的英文单词意为"珊瑚虫"。——译者注

生活

雪人蟹档案

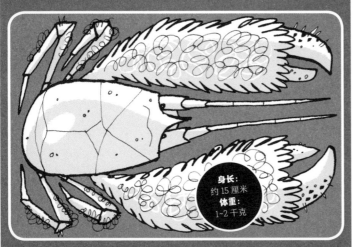

身长：
约 15 厘米
体重：
1-2 千克

👁 **外貌：** 像普通螃蟹，但通体白色，长着巨大的、毛茸茸的螯。

✛ **栖息地：** 生活在海洋深处的深渊带。你能在南太平洋的某个热液喷口旁发现他的身影。他的出现会让周围的人吓一跳。

🍎 **饮食：** 热液喷口喷出来的细菌。

❤ **生存状况：** 完全不用担心。这些小东西住的地方太深了，人类根本不会去惹他们，而且也没有人类真的想尝尝那些螯的厉害。

☯ **习性：** 这些家伙都是瞎子。他们会随意挥舞毛茸茸的螯，尽可能多地沾上细菌。

❓ **趣味事实：** 人类直到 2005 年才发现雪人蟹的存在，对雪人蟹的了解并不算太多。

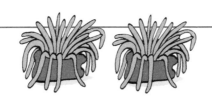

园 艺

评委对今年贝壳海花展的参赛者非常满意。他们说："参展的水下植物种类繁多，我们只能屏息欣赏。这当然不是什么问题，因为我们本来就不会呼吸。"

金牌沙艺

今年的金牌颁发给了日本河鲀若冲。他非凡的沙艺令无数观众为之倾倒。与其他雄性河鲀一样，若冲用他的鳍就可以在海床上创作出精巧完美的圆圈，让某位雌性河鲀能在海流冲刷他的作品前欣赏到他的杰作。评委称赞若冲的圆圈"近乎完美"，称他是"当代水下艺术界的新锐"。

开玩笑？更像欺骗吧

海胆协会搞了一场精彩的展览。一些顶级海胆聚集在展场附近的一块岩石上，舞动长棘，场面引人注目。最让评委们印象深刻的就是海胆身上绚烂的色彩——既有橄榄绿、蓝色，也有鲜艳的红色（你在这里看不到，因为图片是黑白的。你相信我们说的就好）。但后来评委们意识到，海胆其实是动物，而不是植物，因而取消了他们的参展资格。最后，海龟莎莉因为其别出心裁的海草展示方式获得了评委们颁发的银牌。

饮 食

海下餐饮业越来越发达。**快捷海藻吧和海滩食品市场令鱼类和海龟中的时髦人士为之神往。接下来，本报评论员将带你游览这些海洋中的最佳餐饮之地。**

沿海地区

如果你想在食物方面有所选择，那就去大陆架——从海滩向海下延伸的坡地。那里生活的海洋生物比其他地方多，美餐一顿绝非难事。

浪潮区

波涛汹涌的海域是与朋友聚餐的理想之地——海浪会把海床上的营养物质翻搅起来，抛向不同的地方，使得你可以一口吞下那些东西！留心不同洋流交汇的地方，那里可是真正可以把东西翻搅起来的地方。

海底火山

海底散布着100多万个这样的就餐"热点"，这些"热点"位于两个构造板块的交汇处。滚烫的岩浆喷发后在海水中迅速冷却，形成高度超过1000米的海岭。有的峰顶露出海面，成为岛屿。在这些岛屿周围的海域中，你总能找到好吃的东西。

马尾藻海

想成为素食主义者？去马尾藻海吧。在大西洋的这片海域里，你将找到一大片摇曳悬浮的马尾藻。如果你的素食主义理念有所动摇，你也能在棕色的海藻中找到许多可口的小生物。

底层美食

直说了吧，死去的生物会沉底。所以，如果你是偏爱大块腐食的鱼类，海底将是你的最爱。

你很喜欢玉筋鱼？认识一下玉筋鱼拉里吧。玉筋鱼可是食物链中非常重要的一环。

⑭ 你能找出藏在马尾藻里的 10 条鱼吗？

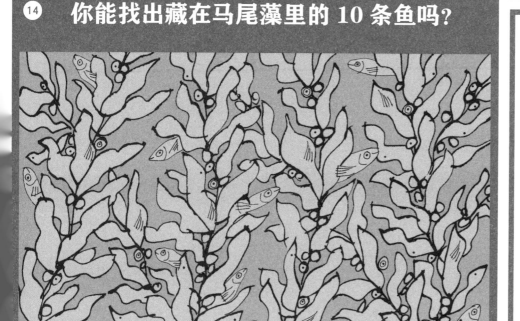

房屋 & 房产

酸性腐蚀：

海洋化学性质的变化影响房产市场

这些理想居所是否有一个是你梦寐以求的？这些只是蟹居会展上出售的一些时尚贝壳。蟹居会展每月举办一次，面向那些需要新家的寄居蟹。目前，会展展出的这些时尚居所正对外开放参观。

相信读者都知道，寄居蟹没有自己的硬壳。他们会将柔软的身体挤进其他海洋动物抛弃的空壳里，等身体长大到没法再住在这个壳里时，就再寻找一个新壳。

蟹居会展展出的房子需求量非常大。这些房子由顶级碳酸钙合成，没有任何酸性物质腐蚀的痕迹。这样的房子越来越少了。"由于海洋吸收了空气污染产生的二氧化碳，现在海洋的酸度明显高于以往。"知名房产中介、来自盔甲家园的海螺塞雷娜说道，"海水中的过量酸性物质让我们的壳越来越薄，越来越脆。这是个大问题。"

"对于我们来说，情况有点不一样。"路人龙虾莱昂内尔笑着

> **"海水中的过量酸性物质让我们的壳越来越薄，越来越脆。这是个大问题。"**

好地段，好地段。这些单床贝壳正在热销啦！

说道，"碳元素增加，我们喜闻乐见。碳元素增加能让我们的壳变厚。现在软体动物的数量占所有海洋生物的1/5，但他们正逐渐消亡。我们很快就要占领整个海洋世界了！"说完他就得意洋洋地挥舞着长螯游走了。

所以，你知道啦，如果原来的房子已经容不下你，而你又在寻找新家，那你不妨等下个月的蟹居会展。下手一定要快！这些贝壳都是抢手货！

⑮ 下一个是什么？

仔细观察这些图案，找出每一行缺失的图案。

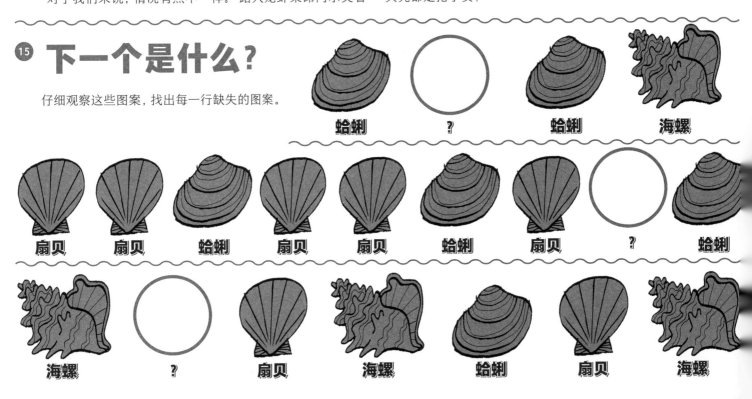

快乐栖息地！

海洋，咸咸的，到处是水，但这并不是海洋的全部！海洋还是世界上最大的栖息地，约占地球面积的70%。无论你期待的是什么，海洋中总有一个适合你的角落。置业顾问鳕鱼卡丽娜将为我们带来有关海洋最受欢迎社区的独家新闻。

海滨

海滨灯光闪耀，活动丰富，大受欢迎！在这里你可以找到许多岩石藏身，让你躲开掠食者。而如果你自己就是掠食者，那么海滨大量的角落和裂缝就是你埋伏的好地方！所以，这算是双赢啦，当然也可以算是双输，取决于你怎么看了。海滨还有很多食物，陆地附近的海流还会搅动起各种美味。

缺点：生活在靠近陆地的地方，意味着你离人类也很近，你得忍受噪声、垃圾，以及来往的船只。你被渔网缠住的可能性会大大增加，也可能会因为接触到经过河流和排污管流入大海的有毒污水而生病。一种叫海藻的微生物尤其喜爱污水。他们会聚集在海滨的污水处，耗光附近海域的氧气。

> "实话实说，冰冷的深海是放松、冷静的好地方。"

外海

啊，外海的生活太美好了！这里风平浪静，有广阔的空间供你畅游。外海有很多栖息地可供选择——无论是温暖的热带海域，还是凉爽的极地海域，或者是介于两者之间的海域。

缺点：你得有强健的体魄。在这里捕食可不容易，游得越快的才能吃得越好。你还得提防埋伏在海底的巨大渔网。

深海

平静、安宁、祥和，上面发生了什么都不重要，你在下面根本不知道。实话实说，冰冷的深海是放松、冷静的好地方。

缺点：你能承受压力吗？你的头顶上有巨大的水压，随时会把你压扁。这里寒冷刺骨，一片漆黑。但是，你要是喜欢清静，进食也不多，这里绝对适合你！

飞鱼档案

身长：可达45厘米
体重：可达900克

外貌：飞鱼看起来就像大颗的银色子弹，有尾巴和"翅膀"。

栖息地：温暖的海域。

饮食：浮游生物等小东西。

生存状况：数量稳定，这些家伙很好。

习性：飞鱼可以跃出水面，用他们翅膀一样的鳍飞起来！跟飞差不多，但更像精彩的跳跃。想象一下：你是一条金枪鱼，追捕着一条平平无奇的鱼，你想吃了他，突然，你的猎物消失在空中！你觉得自己快疯了，然后就回家躺平了。聪明的招数，不是吗？

趣味事实：飞鱼最远可以在空中飞行400多米！这可是很远了。

16 海洋乱码

你能从这堆字母中找出下面四个单词吗？

鸟蛤（COCKLE）软体动物（MOLLUSC）
牡蛎（OYSTER）帽贝（LIMPET）

I	M	K	T	A	C	Z	K
L	O	O	B	O	C	D	L
E	L	P	H	Y	C	U	I
D	L	U	J	S	C	R	M
S	U	S	G	A	C	F	P
O	S	C	O	C	K	L	E
S	C	H	Q	M	X	V	T
M	O	Y	S	T	E	R	N

哈丽雅特的沐浴天堂

甜心们，你们好！双髻鲨哈丽雅特为你带来最新一期沐浴天堂系列。每周我都会点评我所生活的热带海域里最奢华的水疗会所。本周，我在加勒比海潜水，寻找这片海域里的最佳深层清洁服务。

哈丽雅特在她的沐浴天堂里徜徉。

我微微张开嘴，满怀希望地游来游去，等了还不到两分钟，三条可爱的小神仙鱼就游进我嘴里，开始清洁服务。我放松下来享受珊瑚礁美景的时候，他们已经把我的牙齿彻底清洁了一遍，所有寄生虫都被清除干净了。强烈推荐！

灯塔水母档案

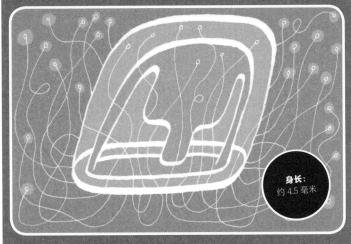

身长
约 4.5 毫米

- 👁 **外貌：** 摇摇摆摆，通体透明。

- ⊕ **栖息地：** 过去常见于太平洋，但现在在全世界的温暖海域都可以见到他们，因为大型船只的涡轮会不小心将他们吸进去，带着他们到处走，再把他们吐出来。

- 🍎 **饮食：** 浮游生物、小型软体动物、漂浮的鱼卵。

- ❤ **生存状况：** 很好！相当好！值得一提的是，他们的数量在成倍增加。

- ✆ **习性：** 这些果冻状的小东西是超级英雄——他们能让时光倒流！成年阶段结束后，他们会改变自己的细胞，回到新生状态，再活一次。不断重生，周而复始。

- ❓ **趣味事实：** 理论上来说，他们是永生的。是的，永生，他们能一直活下去！——除非他们被吃掉。

⑰

鱼鳍艺术

你能想象出的最漂亮的海洋生物是什么呢？把他画出来吧！

粉碎美丽神话

最新研究揭开美丽背后的秘密

视角差异

听说过"情人眼里出西施"吗？这句话是说，不同的东西对每个人的吸引力不同，即使是美好的东西也是如此。不然的话，像海参这么难看的动物岂不是无地自容了？

> **"不同的生物有不同的审美观。"**

最新研究表明，美不仅仅是观念问题。不同的生物有不同的审美观，看待大海的角度也各有不同，这取决于我们看重什么。

视觉表达

我们的视觉与我们的栖息地相匹配。淡水鱼类和咸水鱼类有着不同的视觉；生活在海底黑暗处的鱼类和生活在靠近水面处的鱼类，在视觉上也不相同；外海的生物能看见的东西，生活在珊瑚礁中的生物却看不见；有的海洋生物看见的东西是彩色的，有的海洋生物看见的东西是黑白的；有的能看出明暗对比，有的则不能。很神奇，不是吗？

> **"许多鱼类能看见人类无法想象的颜色。"**

色彩单调

人类喜欢"绑架"热带鱼，把他们放在鱼缸里，欣赏他们彩虹般绚烂的色彩。但人类对于颜色的了解其实并不是很深入。许多鱼类能看见人类无法想象的颜色。人类看见的世界其实十分单调。这些哺乳动物真可怜。

别照镜子了

谁会在乎你的长相呢？下次当你觉得大家都盯着你看的时候，别忘了他们可能根本没注意到你——除非他们想吃掉你。他们可能盯着的是你身后那片棕色沙堆，不过，在他们眼中，那片沙滩可能闪耀着紫色的光彩。

---

18 # 找不同

龙虾一生当中都在不断生长和繁殖（生育小龙虾），活得越久，身体越大！你能从下面健康的老龙虾利奥诺拉的两张图片中找出 4 个不同之处吗？

音乐

蓝鲸歌唱忧郁

在传奇歌手蓝鲸比利的北大西洋巡演期间，我们追上了他。（的确花了点时间 —— 蓝鲸的泳速快得惊人！）我们一起聊了聊唱歌、磷虾、开嗓这些事。

比利，跟我们说说你的新专辑吧。

这张专辑名叫《回归忧郁》。这是一张非常个人化的专辑，诉说了作为有史以来最庞大生物的我是多么孤独。我的意思是，有些恐龙非常庞大，但我比他们还要大。这会让你思考很多东西。尤其是顶着这么个大脑袋的情况下。但我并不是自大狂。你明白我在说什么吗？我在开玩笑！哈哈！

> "我的舌头就有一头大象那么重。"

你究竟有多庞大？

呃，这个问题有点无礼。但既然你问了，我就说说吧。我身长 27 米，体重 180000 千克。我的舌头就有一头大象那么重。你听说过大象吗？他们长着大大的耳朵，是陆地上最庞大的动物。

你的体形如此庞大，你的性子却非常平和。

体形庞大并不意味着脾气暴躁。如果有家伙惹恼了我，我可不会把他一口吞下！（不过，就在我俩之间说说啊 —— 我其实吞不下比沙滩球更大的东西。）而且，我也没有牙齿。所以我只能囫囵吞枣一样地吃东西。我爱好和平，不喜争斗。我总是独来独往，独自唱歌。

跟我们说说你的创作吧。

我的创作源于日常生活的点点滴滴。有一天，我感到有点寂寞，于是就创作了《须鲸布鲁斯》这首歌。当时，我看到一群须鲸聚在一起，我有些伤感，我们蓝鲸总是独自生活。一天晚上，我遇到一群美味的磷虾，他们正浮在水面附近觅食。那天我大概吞下了 5000 万只爽脆磷虾。我用我的鲸须板过滤出他们 —— 鲸须板不是牙齿，是我嘴里的过滤器。当时我脑子里就突然冒出了《为磷虾而疯狂》（*Krazy over Krill*）这首歌的调子。

你从哪儿学会的唱歌？

宝贝，我天生就会唱歌。我不是歌声最响亮的鲸鱼，抹香鲸才是；我的编曲也不是最复杂的，笨重的座头鲸的编曲才是。但

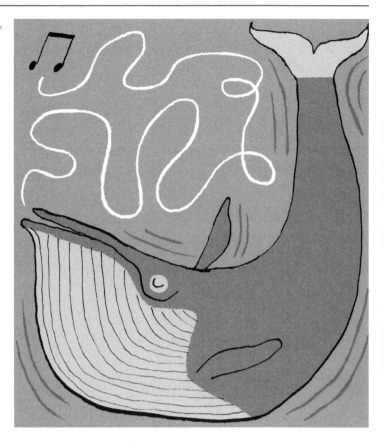

蓝鲸比利昨天练习开嗓。

毋庸置疑的是，我的歌有着超强的感染力。我最近一直尝试用更低沉的声音唱歌，展示我的雄性魅力。当我在海洋中遨游，听到其他鲸鱼唱我的歌 —— 尤其是某片海域的所有雄性鲸鱼同时在唱我的歌，这种感觉简直无与伦比，妙不可言。我把他们想象成我的伴唱。

雌性鲸鱼也唱歌吗？

唱得不多，她们当然会发出些声音，但是如果买票去听她们的演唱会，你可能会大失所望！

谢谢比利！比利目前正在北大西洋巡演，你可以在 800 千米外听到他的歌声。一定要竖起耳朵仔细听啊！

观赏大象游泳

想为你放假的孩子寻找一些免费娱乐活动吗？来印度洋海岸观赏陆上最大的动物大象吧。浮潜的时候还可以试着摸摸他们的手（更准确地说是腿）。这些庞然大物一天最多可以游6个小时。他们把头埋在水下，把鼻子伸出水面呼吸。"真是奇妙的景观呀。"海豚戴安娜笑着说道，"这能让我的孩子开心好几个小时呢！"

19 ## 找词游戏

你能从下面的字母表中找出 9 种鲸鱼的名字吗？

蓝鲸（BLUE）抹香鲸（SPERM）座头鲸（HUMPBACK）
白鲸（BELUGA）灰鲸（GREY）长须鲸（FIN）
露脊鲸（RIGHT）布氏鲸（BRYDE）一角鲸（NARWHAL）

K	N	A	R	W	H	A	L
B	R	Y	D	E	S	D	N
O	Q	C	B	W	M	I	P
R	B	E	L	U	G	A	F
I	Y	T	U	L	R	A	I
G	S	P	E	R	M	B	N
H	U	M	P	B	A	C	K
T	Y	H	E	G	R	E	Y

一角鲸档案

身长：约 5.1 米
体重：约 750 千克

外貌：一角鲸是一种鲸鱼，也是哺乳动物，并非鱼类。他们被誉为海洋中的独角兽。如果你看到一头灰扑扑的大鲸鱼，一头是尾巴，一头是长长的尖刺，那这头鲸鱼很可能就是一角鲸。一角鲸头部的尖刺（或者说尖牙）可以长到 3 米长。

栖息地：北极地区。他们喜欢寒冷的地方。

饮食：鱼！他们用尖牙捕鱼，然后整个吞下去，因为其余的牙齿没什么用。

生存状况：处于近危状态——气候变化导致可供他们食用的鱼类越来越少，可供他们栖身的冰层也越来越少。

习性：一角鲸喜欢小规模的群体活动，夏天则会大规模聚集，最多时会有1000头左右的一角鲸聚在一起。他们可以潜入1500米深的海底捕鱼。

趣味事实：一角鲸的英文名"Narwhal"中的"Nar"来源于古诺尔斯语，意思是"死尸"。因为一角鲸带有斑点的灰色皮肤有点像淹死的人的皮肤。一角鲸夏天时喜欢一动不动地漂浮在水面上。真是太惬意了。

20 ## 将下面的字母还原成一个短语！

KZYRA RVOE LRKIL *

＿＿＿＿ ＿＿＿＿

＿＿＿＿ ＿＿＿＿＿

* 拼出来的英文短语意为"为磷虾而疯狂"。——译者注

认识海马

海马（seahorse）的头部像马的脑袋，他们的尾巴又长又卷，他们中的雄性会怀孕——你可能会认为他们只存在于神话传说中，但他们是真实存在的动物。听听海马西米恩是怎么说的吧。

西米恩，说说你们的伴侣关系吧。

我和我的伴侣萨莉十分恩爱。我们尊重彼此的空间，独自睡觉（我喜欢把尾巴绕在芦苇上，这样我就不会被冲走了）。但她每天早上会来找我，一起跳我们的爱之舞。

听起来很浪漫啊。

的确如此！我们把尾巴缠绕在一起，在水里翩翩起舞，变换皮肤颜色吸引对方。我们的爱之舞非常美，有时会持续长达 8 小时。我们的孩子恰逢路过时也会欣然驻足观赏，一点都不觉得尴尬。

听说雄性海马能生孩子！跟我们说说这个吧。

你说得没错。我不喜欢吹嘘，但生孩子这件苦差事的确是我们雄性海马在做。萨莉把卵子储存在我的育儿袋里，我为它们受精，再花几周的时间把它们孵化成小海马。这是一段美好的灵魂之旅。

这么说，你很享受怀孕的过程？

嗯，是的。我喜欢孕育生命的过程。话说回来，我吃饭也不仅为了我自己，更准确地说也是为成百上千只海马吃。这种经历真是太美好了。

成百上千只？

没错，我一次可以生成百上千个宝宝，所以我得保持体力。我大部分时间都在吃小虾和甲壳类动物，一天得吃上千只吧。我想吃有机食物，但现在由于污染严重，很难吃到有机食物了。

> "我一次可以生成百上千个宝宝，所以我得保持体力。"

生育的过程是怎样的？

呃，你可以想象得到，整个过程是要持续一段时间的。不过当我看到我的小宝贝出现在水里时，一切都是值得的。这种体验实在是太美好了！

这么说，你真是个尽心尽责的好爸爸。你有什么育儿经验可以分享给我们的读者吗？

没有。我从不操心孩子们的成长，他们自己可以照顾好自己。

听说平均 1000 只小海马中只有 1 只能活到成年，这是真的吗？

是的。他们就该坚强一些，不是吗？他们有没有被吃掉不是我该关心的事。

没错！以上就是一些顶级育儿建议。谢谢西米恩。

㉑ 连点作画

把这些点按顺序连起来，看看是谁藏在这幅图片里。

观点

放养式育儿——没错还是没门？

海马并不是唯一一种生完孩子就不管的动物。雌性棱皮龟会在沙滩上的巢穴中产卵，产完卵后她们就会爬回海里，把卵留在巢穴中。卵孵化后，小海龟们会爬向大海，但多数小海龟在这一过程中会被鸟类吃掉。与海马一样，海龟的存活率只有1/1000。你觉得棱皮龟的放养式育儿很酷还是很残忍？我们邀请了铁饼鱼戴安娜和鲑鱼塞雷娜跟我们谈谈她们的看法。

铁饼鱼戴安娜

生活不易。任何亲眼见过自己的兄弟姐妹被捕捞去水族馆的鱼类都清楚这一点！但这更说明我们应该好好照顾自己的孩子，尤其是还处在生长发育阶段的孩子。一些雌性棱皮龟每隔五年才产一次卵，她们完全可以腾出一点时间护送自己的孩子入水吧？她们放养式的育儿方式在海洋太常见了。不过，我们铁饼鱼可不一样。我们生下孩子以后，全身会分泌出一层又厚又好吃的黏液，为孩子们提供成长所需的营养物质。我们会让他们吸食这层黏液，直到他们可以独立觅食。当然，有时候我会吃自己的卵，但我只有在非常饿的时候才这么做。你们也别太苛求我了！

> "我们生下孩子以后，全身会分泌出一层又厚又好吃的黏液。"

鲑鱼塞雷娜

我们都要吃饭。不幸的是，一些动物总要成为另一些动物的盘中餐。宝宝们需要经历残酷的现实来明白这个道理，这个现实就是：被吃。让我们共同面对现实吧，我们都有很多孩子，如果全都活了下来，我们永远也记不住他们的名字，过生日送礼物也是个大麻烦。而且，如果每个孩子都活下来，海洋会比沙丁鱼罐头还要拥挤。没有谁喜欢待在鱼罐头里。金枪鱼，我知道你明白我的意思。

㉒ 将下面的字母拼成一个单词

HOSEERAS*

_ _ _ _ _ _ _ _

* 拼出来的英文单词意为"海马"。——译者注

棱皮龟档案

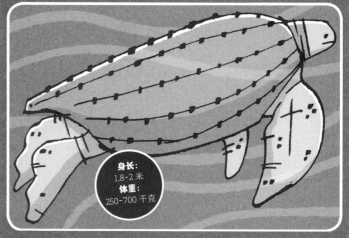

身长：
1.8~2 米
体重：
250~700 千克

👁 **外貌：** 体形巨大，行动缓慢。一些棱皮龟的身长甚至超过了一些身高很高的人类！他们是世界上体型最大的龟类。与其他海龟不同，他们的龟壳不硬，但却很厚，如同橡胶一般——你也可以说像皮革一样。

✛ **栖息地：** 遍布各大洋，除了北冰洋。他们喜欢待在深海中，产卵时才上岸。

🍎 **饮食：** 水母！他们用粗糙的舌头抓住他们，然后把他们卷进嘴里。不过，他们常常因误食塑料袋而丧命。

♡ **生存状况：** 濒危。他们的繁育地正遭到破坏，产下的卵也被人类挖走食用。有时候，他们还会被渔网捕捞，或被船只撞伤。总而言之，棱皮龟得小心了！

☯ **习性：** 这些家伙为了寻找食物可以游上几千米，但却仍有办法返回他们出生的海滩产卵。太神奇了！

❓ **趣味事实：** 棱皮龟的前肢可以长到2.7米。他们的体形真的很庞大！

体育

坚强的母亲：鲑鱼大洄游

鲑鱼是海洋中的运动健将。他们每年都要踏上一段被称为"大洄游"的史诗旅程，途中要躲避熊、水獭、鸟类，还要避开瀑布和人类的威胁，游回到他们出生时的河流。

到达他们曾经的出生地后，雌性鲑鱼开始产卵，雄性鲑鱼为其受精，然后这场洄游之旅就结束了。对许多鲑鱼来说，生命也就此终结——这场大洄游让他们付出了生命的代价。他们死后，身体会分解为营养物质，哺育刚孵化的小鲑鱼。所以，凡事有弊也有……今年，鲑鱼塞尔玛即将满8岁，她已做好准备参加这场洄游。下面摘自她的训练日记。

第1天 我接受训练已经有4年了，4年间我游遍了整个大洋。我曾经狂放不羁，无忧无虑，但现在我长大了，也强壮了，可以参加大洄游了。秋天一到，我就能游起来了。太棒了！

第5天 是时候了，我能感觉到。我一直在努力吃磷虾和鲱鱼，积攒能量。一旦游回河里，就没时间吃东西了。

第7天 我的座右铭："我的鳍是什么？推进器。它们要做什么？把我推到河里去。我要游多快？像旗鱼一样快！"我仿佛看见自己游到了河里，我仿佛看见自己产下了鱼卵！

塞尔玛在大洄游过程中锻炼眼力。

第9天 这几天游得很辛苦，但却感觉很兴奋！我终于靠近故乡河的河口了，故乡的味道勾起了许多美好的回忆。那时候的我还只是一条小鲑……幼鲑……鱼苗……稚鱼（alevin）……鱼卵……

第10天 在准备奋力洄游之前，我这几天一直在养精蓄锐。我在河里漂流，重新习惯淡水。我遇见了我的老朋友索尔。这几天，他的背部高高隆起，下颌也长大了。我们既紧张又兴奋。

第12天 今天是个残酷的日子。有一群灰熊守在瀑布顶上，把我们一个个地挑走。我亲眼看见索尔摔落下去——他连被熊挑的机会都没有。

第13天 自从离开大海就再也没睡过觉，不停地游啊游啊……

第15天 今天到达大瀑布。我尝试了10次，跳了近4米才跳上去，然后游啊，游啊，游啊……

第17天 我成功了！我用尾巴在水里挖了7个产卵的小沙坑。一个叫沙恩的家伙游过沙坑时，排出了一种叫"精液"的液体，卵就这样受精了！太神奇了！明年我会再回来的！

塞尔玛是今年大洄游结束后少数几条游回大海的大西洋鲑鱼之一。她的日记《追寻我的足迹：大洄游生存记》已经上市了！

㉓ 你能帮这条幼鲑顺流而下，避开重重危险，游向大海吗？

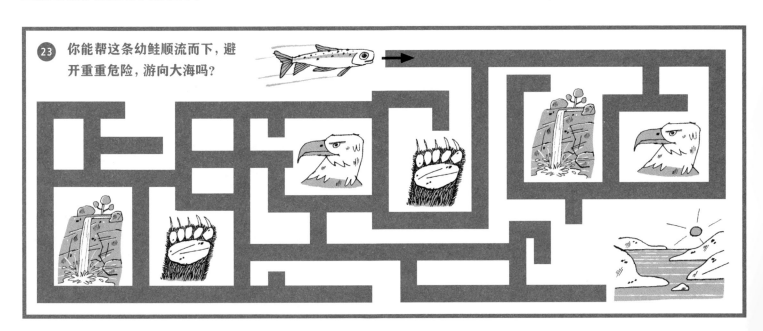

鲑鱼小百科

鲑鱼的变化：永无止境的旅程

鲑鱼一生中会经历多次变化。他们能顺利长大真是个奇迹。

1. 鲑鱼的一生从鱼卵开始。雌性鲑鱼会在淡水河的浅沙坑里产下鱼卵。

2. 两三个月后，鱼卵孵化成体长约 4 厘米的稚鱼（比花栗鼠小）。他们靠剩余的卵黄中的营养生长。

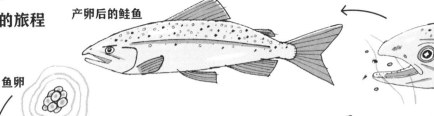

产卵后的鲑鱼

鱼卵

稚鱼

鱼苗

8. 在大洄游中幸存下来并顺利返回大海的鲑鱼被称为"产卵后的鲑鱼"。但我们喜欢称她们为坚强的母亲。

7. 然后，鲑鱼在某个季节迎来大洄游，返回他们出生时的河流。

6. 最后，小鲑成群地游入大海。在接下来的几年里，他们将不停地进食、探索和成长。

小鲑

幼鲑

5. 接下来，他们会变成银色的小鲑，在河流与大海的交汇处游荡，逐步适应海水。

3. 他们的年龄增长了一些，胆子也更大了，开始游向下游，一边觅食，一边躲避掠食者。这些小家伙现在变成小鱼苗了。

4. 长到 16 厘米时，鱼苗变成幼鲑，身上长出了迷彩条纹。在未来 1~3 年里，他们会顺流而下，游向大海。

海参档案

身长：
10~30 厘米
体重：
100 克~2 千克

👁 **外貌：** 有些长得很漂亮，比如梦海鼠（有点像穿着睡衣的肠子）。海参通常看起来就像海床上的便便。抱歉这么说你们，小家伙们。

✥ **栖息地：** 通常生活在热带珊瑚礁中。

🍎 **饮食：** 浮游生物和其他漂浮的东西。

💔 **生存状况：** 情况稳定。他们的确有一些天敌，但多数时候都不被理睬。（他们不仅仅长得像便便……）

☯ **习性：** 如果你攻击海参，他会从肛门喷出黏糊糊的内脏缠住你，同时还向你喷射毒液，非常恶心。

❓ **趣味事实：** 一些海参可以将自己液化，也就是说他们会变成液体，以此躲避天敌，然后再恢复成固态。

租艘沉船！

探索世界上保存最完好的沉船残骸

参观保存完好的舞厅、客舱、甲板，了解人类船员的真实生活。见识闪闪发光的藏宝箱。让你的孩子在人类海盗骷髅的眼眶之间嬉戏玩耍，你则可以利用这段时间好好放松休息。

24 你能恢复下面这个单词的字母顺序吗？

VALNIE*

_ _ _ _ _ _

* 拼出来的英文单词意为"稚鱼"。——译者注

参赛选手面面观

200 米混合泳是海洋游泳锦标赛的一个新项目，引起了极大的关注。但是，由于参赛选手种类繁多，预赛变得有些……复杂。

"这简直是组织者的噩梦，"组织者之一的桔尾石齿鲷伯特抱怨道（至少他脸上的表情看起来像是在抱怨），"我们必须考虑参赛选手的体形、速度等因素，然后给体形较大、速度较快的选手增加障碍，并对每位选手应该在何时、何处出发进行复杂的计算。"不过，本周六就是决赛了，大家都在谈论比赛。下面是每位参赛选手的简介。

蓝蟹科林

大多数螃蟹在海底快速奔走的时速可达 16 千米。但是，包括蓝蟹在内的一些蟹类更喜欢游泳——他们利用背螯来划水。"很高兴能获得决赛资格，"科林骄傲地对我们说道，"螃蟹绝对是一个被低估的游泳选手。"不过，被低估是有原因的，科林……

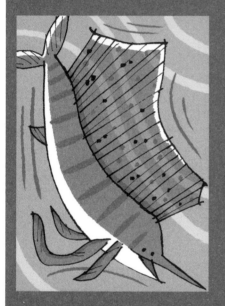

旗鱼桑德拉

桑德拉身体线条流畅，擅长短程比赛。她上颌凸出，肌肉发达，身体修长，月牙形的尾巴强劲有力。她可以跃出水面，而高高的背鳍能让她在游动时迅速转向。桑德拉的时速可达 110 千米，是金牌的有力争夺者。

侏儒海马塞思

塞思在本次比赛中并不被看好，但却因此收获了极高的人气。与只能漂浮在水中的浮游生物不同，海马能游泳，只不过游得非常非常糟糕（抱歉，塞思）。他们会直立摆动身体，同时无力地摆动背鳍。不过，参与就有意义——只要裁判允许塞思从终点线开始比赛。

乌贼西米恩

与大多数头足类动物一样，西米恩通过喷水产生的推力向前游动。他将水吸入头部的一个腔室，然后再将水喷出，推动自己向另一个方向移动，并利用自己的 10 条触手和头上的鳍掌控方向。他的时速可达 40 千米。至于他能否长时间保持这种速度，还有待观察。

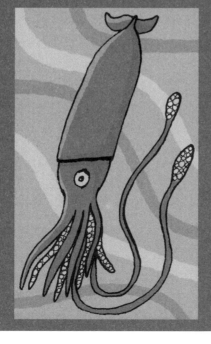

海螺塞雷妮蒂

海螺为了保护自己的卵分泌了一堆黏液泡泡。这些泡泡堆积起来，如同船筏，海螺则利用这些船筏四处游动。"不过我觉得这玩意儿很难驾驭，"塞雷妮蒂坦言道，"我不得不随波逐流。"让我们祝她好运吧。

(25) # 找不同

游动时动作优美，胸鳍像翅膀一样波动起伏——石纹电鳐马文看起来优雅随和。但你可别被他骗了，他的性格可是出了名的争强好胜。他曾试图发出微弱的电流来攻击其他选手，差点就被取消 100 米自由泳参赛资格。下面两幅图中分别是马文和他的表妹玛吉（也是他最强的竞争对手），你能找出两幅图之间的 5 处不同吗？

鱼鳔：助力还是负担？

鱼鳔是鱼体内一个充满气体的袋子，通过释放和吸收氧气，让鱼在水中上浮或下沉。但金枪鱼等游速很快的鱼类不太喜欢使用鱼鳔，因为体内充满气体会让快速转向变得更难。

鲱鱼档案

身长：
14~46 厘米
体重：
20~700 克

👁 **外貌**：全身银白，身材短小，突出的下颌让他们看起来凶巴巴的。

✣ **栖息地**：大西洋、太平洋、波罗的海。这种鱼喜欢水温并不算太冷的浅海区。不幸的是，很多鱼类也喜欢这片海域，所以他们经常被其他鱼类吃掉。

🍎 **饮食**：浮游生物，尤其是那些看起来像小虾米的桡足类动物。

❤ **生存状况**：大家都爱鲱鱼，尤其是人类——他们正大肆捕捞这些可怜的小家伙。目前，鲱鱼正濒临灭绝。

☯ **习性**：热衷交际。鲱鱼喜欢成群结队地活动。他们这样做不但是为了更好地觅食，同时也避免成为其他动物的盘中餐。

❓ **趣味事实**：鲱鱼群的鲱鱼数量可达数十亿条，鱼群长度可长达 1.5 千米。

加速秘诀

为什么有些海洋生物游得比其他海洋生物快？

如果你体形庞大，肌肉发达，那么你克服水中阻力就会更容易一些。如果你身体呈流线型，头部呈尖锐状，那你就可以像尖刀一样划开水面。如果你的鳍很大，那你就游得更快了！

测试答案

测试题目做得怎么样？你有没有通过鲸歌把答案发送给我们？如果有，请在这里核对答案。如果还没有，请不要作弊！除非你是水母，你没有大脑，所以你得想方设法地寻求帮助。

2

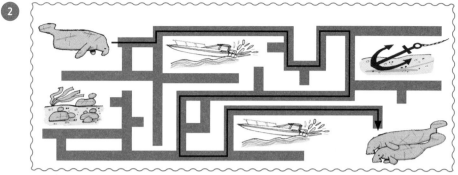

3

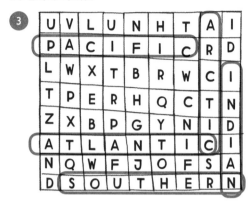

4

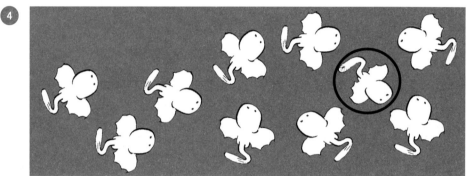

5

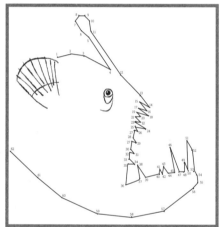

6 现场测试！

对 或 错 ？

1. 深海巨大症是由大量进食引起的。

错！

2. 生物发光是因为吞下了小型 LED 灯泡。

错！

3. 蓝鲸能活 100 多岁。

对！

4. 鱼通过鳃呼吸。

对！

13

```
Y L P P O
P O L Y P
```

9 快速测试！

对 或 错 ？

1. 在佛罗里达州，每年有 9 头海牛被杀死。

错！

2. 海牛是指穿着 T 恤衫的人。

错！

3. 农田里的肥料会污染水。

对！

4. 鲸鱼和海豚是哺乳动物，而非鱼类。

对！

5. 渔网捕捞的鱼类数量超过了人类所需。

对！

6. 石油泄漏有利于保持鱼类皮肤水分。

错！

10 快速测试！

对 或 错 ？

1. 多数海葵生活在深渊带的深海中。

错！

2. 如果你上半身是浅色，下半身是深色，你就有一身很好的伪装色。

对！

3. 刺尾鱼的名字来源于他那条像手术刀一样锋利的尾柄。

对！

8

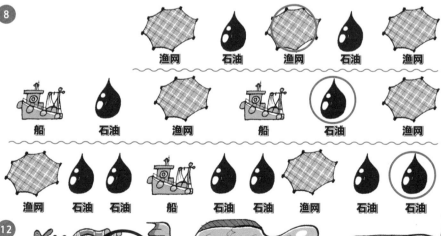

渔网　石油　渔网　石油　渔网

船　石油　渔网　船　石油　渔网

渔网　石油　石油　船　石油　石油　渔网　石油　石油

12

14

16

I	M	K	T	A	C	Z	K
L	O	O	B	O	C	D	L
E	L	P	H	Y	C	U	I
D	L	U	J	S	C	R	M
S	U	S	G	A	C	F	P
O	S	C	O	C	K	L	E
S	C	H	Q	M	X	V	T
M	O	Y	S	T	E	R	N

19

K	N	A	R	W	H	A	L
B	R	Y	D	E	S	D	N
O	Q	C	B	W	M	I	P
R	B	E	L	U	G	A	F
I	Y	T	U	L	R	A	I
G	S	P	E	R	M	B	N
H	U	M	P	B	A	C	K
T	Y	H	E	G	R	E	Y

15

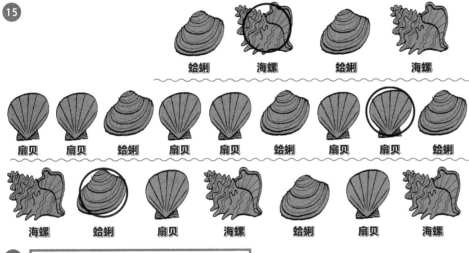

蛤蜊　　海螺　　蛤蜊　　海螺

扇贝　扇贝　蛤蜊　扇贝　扇贝　蛤蜊　扇贝　扇贝　蛤蜊

海螺　　蛤蜊　　扇贝　　海螺　　蛤蜊　　扇贝　　海螺

18

21

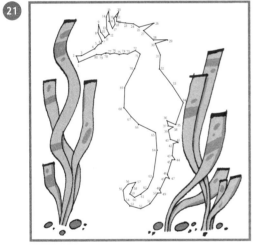

20

KZYRA RVOE
LRKIL

<u>KRAZY</u> <u>OVER</u>
<u>KRILL</u>

24

VALNIE

<u>A</u> <u>L</u> <u>E</u> <u>V</u> <u>I</u> <u>N</u>

25

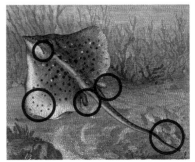

22

HOSEERAS

<u>SEAHORSE</u>

23

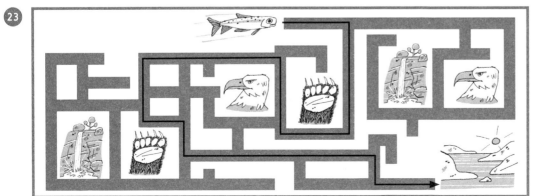

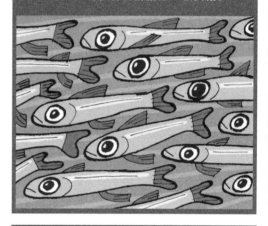

索 引